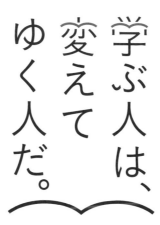

学ぶ人は、
変えて
ゆく人だ。

目の前にある問題はもちろん、

人

社会の

挑み続ける

JN052262

「学び」で、

少しずつ世界は変えてゆける。

いつでも、どこでも、誰でも、

学ぶことができる世の中へ。

旺文社

大学入学
共通テスト

地学基礎
集中講義 改訂版

東進ハイスクール・東進衛星予備校講師
青木秀紀 著

旺文社

　センター試験が共通テストへと変わりました。教科・科目によっては，大きく見た目が変わったものもあるようです。地学基礎は，あまり変わっていません。教科書をできれば複数手元に置いて，第一歩を踏み出しましょう。理科と言えば計算が難しそうな感じを受ける人もいるでしょうが，ご心配なく。難しいのはソコじゃありません。

　本書は，実際の共通テストから考えて，何が必要かを徹底的に考慮して作られました。いたずらに応用的な内容を盛り込んだり，反対に，中学校の復習にスペースを割いたりはしていません。本番のレベル・内容に忠実であることを目指しました。地学が未習でも天文や岩石，気象に元々興味があったり，中学校時代に理科が得意だったりした人は，本書を普通に読んでください。

　地学や理科自体に苦手意識がある人は，とりわけ次の点を心がけましょう。

　１）　知ったかぶりをしない
　２）　流れを重視する

　１）は，分からない言葉が出てくれば調べよう，ということです。本書では高校地学に関してはできるだけ丁寧に説明しているつもりですが，皆さんの言語力やこれまでの履修状況によっては難しく感じる用語・表現も出てくるでしょう。インターネットでも何でも構わないので，自ら調べるくせをつけて欲しいのです。

　２）は，ピンとこないかもしれません。
　本書では，そして私の普段の講義でも，意味のない羅列や語呂合わせは徹底的に排除しています。学問は，クイズ大会ではありません。分野ごとに貫かれた論理や系統があるのです。
　それを無視すると，無味乾燥な単なる暗記になります。順を追って，できるだけ自分なりの論理体系を作りながら，学んでいくのです。自分で論理立てて考える。覚えたらいいんだと誤魔化さない。これが難しいのです。
　苦手な人も，得意な人も，本書をさらっと読んだあとに，一般向けの気象や天文に関する本を読むのもいいでしょう。まっすぐな回り道って感じです。
　さて，ここまで，「問題演習」というフレーズが出てきませんでした。そのあたりのことは，次のページで触れましょう。

・共通テスト地学基礎の出題形式

　大問数は3〜4，小問数は15です。小問1問あたり2分で解く計算になります。問題文は大して長くなく，1つの小問は複数の分野にまたがることも珍しくありません。計算らしい計算，すなわち地学独特の公式を使ってバリバリ立式するようなものは皆無と言っていいでしょう。

・共通テスト地学基礎のレベル

　教科書の範囲からきっちり出ていますので，基礎無しの地学を徹底マスターするとか，国立二次の地学に手を出すとかは無意味です。「どうだ，こんな現象知らないだろう？」のようなえぐい問題は出るわけがありません。

・普段の勉強法

　教科書をしっかり読んで理解することです。繰り返しになりますが，教科書は複数あった方が望ましいでしょう。執筆者・出版社によって，結構視点は異なります。一つの現象を複数の視点から眺めることは，どの教科でも重要ですね。カラフルな図表も必要でしょう。

　義務教育レベルの理科に不安がある人は，高校入試の薄っぺらい問題集や，高卒認定試験の問題などで基礎学力をチェックした方がいいと思います。

・問題演習

　問題演習は，あくまでも教科書そして本書の理解を助けるためのものです。問題演習を主軸にしてはなりません。模試ではなく，実際の過去問の演習こそ中心です。古い課程のものも解く価値はあると思いますが，地球の歴史や地層，天文は現行課程との隔たりが大きいので，スキップした方がいいと思います。満点を目指す人は，現行課程の基礎なし地学には，地学基礎で解ける問題も少なくないため，それらをピックアップして解くのもいいでしょう。

　試行錯誤の末，成功されることを祈ります。

　　　　　　　　　　　　　　　　　　　青木　秀紀

本書の特長と使い方

本書は「大学入学共通テスト　地学基礎」で高得点を取ることを目的とした問題集です。必要な知識を定着させ，考える力を鍛え，問題形式に慣れることができます。

▶「地学基礎」全体を5つのCHAPTERに分けました。

本冊

GUIDANCE
このTHEMEで学ぶこと，習得したいことを簡潔に述べています。

POINT
共通テストを受験する上で，必ず知っておきたい基礎事項をまとめました。とくに重要な用語は付属の赤セルシートで隠せます。くり返し読んで理解しましょう。傍注には補足的な説明があります。

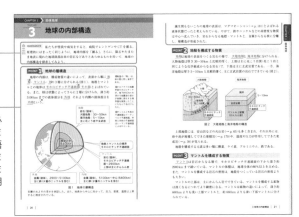

PLUS
参考・発展的な内容は，PLUSとして取り上げました。知っておくことで，POINTの内容をより深く理解することができます。

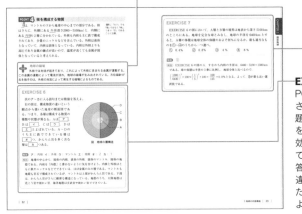

EXERCISE
POINTで扱う基礎事項を定着させるため，過去の大学入試問題や高卒認定試験などから問題を精選しました（問題は，学習効果を高めるために適宜改題してあります）。問題の下には解答・解説があります。問題を間違えた場合だけでなく，正解した場合も解説を読んで復習するようにしましょう。

SUMMARY & CHECK
そのTHEMEでとくに重要な用語や内容をまとめました。もしここに載っていることでわからないものがあれば，必ずPOINTに戻って確認してください。

チャレンジテスト
（大学入学共通テスト実戦演習）
実際にセンター試験・共通テストで出題された問題を精選し，本番に近い形式で掲載しました。複数のTHEMEにまたがった問題もあります。各Chapterの総仕上げとして取り組んでください。

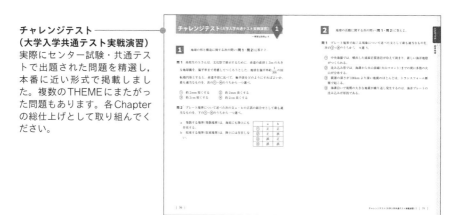

別冊解答

　解答は答え合わせがしやすいように，冒頭に掲載しました。解答の下には，問題を解く上での心構えを述べたアドバイスと，各問題の解説を掲載しています。問題を間違えた場合だけでなく，正解した場合も解説を必ず読むようにしましょう。解説では正解に至るまでの思考過程を述べているので，これを理解することにより，当てずっぽうではなく，確信をもって同種の問題が解けるようになります。解説を読んでわからない点があれば，本冊のPOINTに戻って復習しましょう。

もくじ

CHAPTER 1　固体地球　　　　　　　　　9

CHAPTER 2　大気と海洋　　　　　　　　81

チャレンジテスト（大学入学共通テスト実戦演習）の解答・解説は，別冊です。

＜スタッフ＞
装丁デザイン：及川真咲デザイン事務所（内津剛）
本文デザイン：ME TIME（大貫としみ）
校正：島村誠，本間孝司

＜写真協力＞
ユニフォトプレス，Science Source Images/ユニ
フォトプレス，アフロ，イメージマート，京都府
レッドデータブック（撮影：武蔵野實），東京大
学大学院理学系研究科，岩手県立博物館，国立天
文台，JAXA

CHAPTER 1

固体地球

THEME

1 地球の形と大きさ

GUIDANCE 　古来，人はさまざまな対象を観測してきた。観測結果を分析することで，徐々に地球の正体が明らかになった。一方，人は数学を発達させてきた。観測結果を計算することで，より精密な，理詰めの議論が可能となったのである。理屈で私たちの星の正体に迫ろう。

POINT 1　地球の形

　現代の私たちは，地球が球形であると知っている。人工衛星から送られてくる画像で，その姿を見ることができるからである。ところが，そのような技術がなかった2000年以上前から，地球が球形であることは知られていた。たとえば，古代ギリシャ人の<u>アリストテレス</u>は，地球が太陽と月の間に入って月食が起きるときに，月に映った地球の影が丸いことや，南北に移動すると北極星の高度が変化することから，地球が球形であると考えた(図1)。また，港から船が離れていくとき，船の下の部分からしだいに隠れていくことも，地球が丸いことの証拠として考えられた(p. 11図2)。

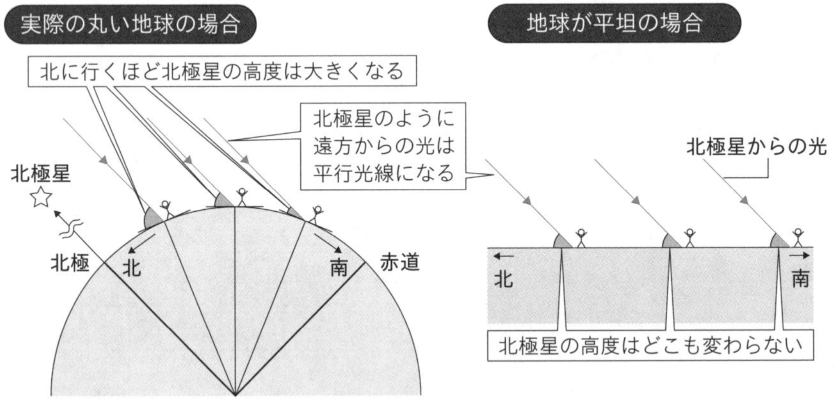

実際の丸い地球の場合	地球が平坦の場合

北に行くほど北極星の高度は大きくなる

北極星のように遠方からの光は平行光線になる

北極星からの光

北極星

北極　北　南　赤道

北　南

北極星の高度はどこも変わらない

図1　星の見え方

地球は丸いので，南北に移動すると北極星の高度が変わって見える。一方，もし地球が平坦ならば，南北に移動しても北極星の高度は変化しないはずである。

図2　港から船を見る人

港から離れていく船は，船の下の部分からしだいに隠れていき，最後まで見えるのは帆の先端部分である。この現象は，地球が平坦ではなく丸いと考えなければ説明できない。

EXERCISE 1

　高いところへ上るほど遠くの地表が見えるようになるのは，地球が丸いからである。右図のように地球を球と考えると，展望台Aから見える距離には限界がある。展望台Aの高さを h，地球の半径を R とすると，展望台Aから見える距離はどのように表されるか。最も適当な式を，次の①〜④のうちから一つ選べ。

① $2hR+h^2$ 　　② R^2+h^2

③ $\sqrt{2hR+h^2}$ 　　④ $\sqrt{R^2+h^2}$

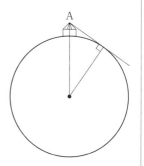

解答　③

解説　求める距離を x とする。地球を球と考えると，三平方の定理から，

$$(R+h)^2=x^2+R^2$$

が成り立つ。この式から，

$$x^2=2hR+h^2$$

となるので，$x>0$ から，

$$x=\sqrt{2hR+h^2}$$

と表される（$x=\sqrt{2hR}+h$ としないように注意）。

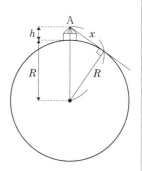

　古来，さまざまな賢人が地球の大きさを求めることに挑戦してきた。紀元前200年ごろ（今から2200年ほど前），古代ギリシャ人の<u>エラトステネス</u>は，地球一周の長さを現在の距離の単位に換算して約45000kmと見積もった。実際は約40000kmだから，かなり正確な値である。エラトステネスの測定方法を見てみよう。

　夏至の日の正午，エジプトのシエネでは太陽光が井戸の底に達し，地上で垂直に立てた棒に影はできない。太陽が真上に来るためである。一方，シエネから約900km北に離れたアレクサンドリアでは，同じ夏至の日の正午に，太陽が真上には来ず，垂直に立てた棒に影ができた。この影の長さから，太陽は真上から7.2°南にずれていることがわかった（図3）。

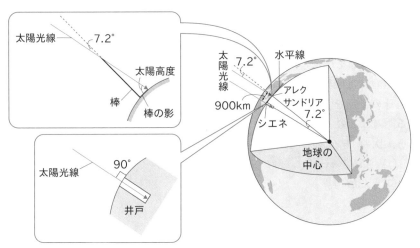

図3　エラトステネスによる地球の大きさの測定方法
求めた7.2°は2都市の太陽高度の差であり，2都市間の中心角（＝緯度の差）に等しい。

　エラトステネスは地球を球形と考え，2都市間の距離と緯度の差から，地球一周の長さを求めた。つまり，

　　　（地球一周の長さ）：（2都市間の距離）＝360°：（2都市間の緯度の差）

の関係が成り立つので，地球一周を x〔km〕とすれば，

　　　$x : 900 = 360° : 7.2°$

　　　$x = \dfrac{900 \times 360°}{7.2°} = 45000\,\text{km}$

と計算できる。

POINT **3** 地球は完全な球ではない

　イギリスの<u>ニュートン</u>は17世紀後半に，地球の自転による遠心力により，地球は赤道方向に膨らんでいる<u>回転楕円体</u>（図4）であると考えた。一方，フランスのカッシーニ親子（父：ジョバンニ，息子：ジャック）は，18世紀初めに，地球は極方向に膨らんでいる回転楕円体とした。そこで，実際にフランス学士院が測量を実行した結果，緯度差1°あたりの子午線弧の長さは，高緯度ほど長いことがわかった（図5）。これによって，ニュートンが考えた通り，地球は赤道方向に膨らんでいる回転楕円体であることが明らかとなった。

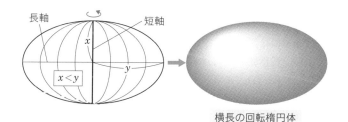

図4　回転楕円体

楕円を長軸または短軸を中心に回転させてできる回転体を回転楕円体という。

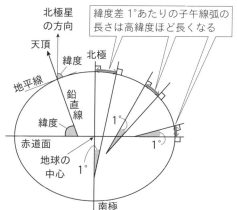

図5　緯度と子午線弧の長さ

緯度は，その地点の鉛直線と赤道面がなす角度である。緯度差1°あたりの子午線弧の長さを観測すると，赤道付近のエクアドル（南緯2°）では110657mだったのに対し，高緯度のラップランド（北緯66°）では111993mだった。

次のA〜Dの4地点における緯度差1度に対する子午線弧の長さを短い順に並べよ。

A　フィンランド　　北緯66度20分
B　フランス　　　　北緯45度1分
C　エクアドル　　　南緯1度31分
D　昭和基地　　　　南緯69度0分

解答　C，B，A，D

解説　地球は赤道面に関してほぼ対称なので，北半球か南半球かという違いは無視してよい。緯度差1度に対する子午線弧の長さは低緯度ほど短いから，短い順にC，B，A，Dである。

POINT 4　地球楕円体と偏平率

回転楕円体のつぶれ具合は偏平率で表され，次の式で定義される。

$$(偏平率) = \frac{(赤道半径) - (極半径)}{(赤道半径)}$$

現在，地上での測量や人工衛星の観測などにより地球の形は精密に測定されていて，赤道半径は6378km，極半径は6357kmであることがわかっている。この赤道半径と極半径をもつ回転楕円体を地球楕円体という（図6）。地球楕円体の偏平率を求めると，

$$\frac{6378 - 6357}{6378} = \frac{21}{6378} ≒ \frac{1}{300}$$

と計算できる。

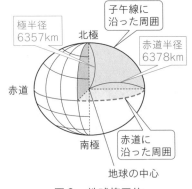

図6　地球楕円体

EXERCISE 3

問1 次のア～ウに入る人物名を**語群**から選んで答えよ。

地球の形が丸いことは，紀元前4世紀ごろにはすでに知られていた。古代ギリシャ人の ア は，さまざまな証拠から地球が球形であるという説を提唱した。また，紀元前のエジプトでは， イ が地球一周の長さを計算で求めた。17世紀になると，イギリスの ウ は，地球には自転による遠心力がはたらくため，地球の形は赤道方向に膨らんだ回転楕円体であると予想した。

語群：ケプラー　　　アリストテレス　ニュートン

ヒッパルコス　エラトステネス　カッシーニ

問2 土星の赤道半径は約60000km，極半径は約54000kmである。土星を回転楕円体と考えたとき，その偏平率として最も適当な数値を次の①～③のうちから一つ選べ。

① $\dfrac{1}{10}$　② $\dfrac{1}{100}$　③ $\dfrac{1}{1000}$

解答 **問1** ア：アリストテレス　イ：エラトステネス　ウ：ニュートン

問2 ①

解説 **問1** アリストテレスは紀元前4世紀ごろの人物で，哲学者としてよく知られている。エラトステネスは紀元前3世紀ごろの人物で，数学の研究でも知られている。ヒッパルコスは紀元前2世紀ごろの古代ギリシャの天文学者で，星の明るさを1～6等星の等級に分類した。ケプラーは17世紀初めに惑星の運動に関する「ケプラーの法則」を提唱した。カッシーニ父は17世紀後半に土星の衛星を発見した。

問2 偏平率の定義から，$\dfrac{60000-54000}{60000} = \dfrac{1}{10}$ と計算する。

SUMMARY & CHECK

☑ <u>エラトステネス</u>：夏至の日の太陽の傾きから，地球一周の長さを計算

☑ <u>ニュートン</u>：地球を赤道方向に膨らんでいる<u>回転楕円体</u>と予想

☑ <u>偏平率</u>：回転楕円体のつぶれ具合。<u>地球楕円体</u>の偏平率は約300分の1

地球の表面の構造

GUIDANCE　小中学校の地理で学んだように，地球の表面がもつ「表情」は多岐にわたる。誕生当初はマグマの海であった地表は，やがてプレートの運動によって，同じ岩石惑星である火星や金星と大きく異なる表面をもつに至った。長い時間の中での変化を想像しながら，すぐ足下の様子を学ぼう。

POINT 1　地球表面の凹凸

　地球の表面は，約70%が海，残り約30%が陸である。これは，海岸線を境界として考えた場合であり，水深200m程度までの海底には<u>大陸棚</u>とよばれる緩やかな平坦面が広がっている。ここは，かつて海水面が低下していた時代（氷期：→ p. 200）には陸であった。大陸棚の外縁から海洋底（大洋底）にかけては，<u>大陸斜面</u>とよばれるやや傾斜の急な斜面が広がり，さらに溝状の深い凹地である海溝（→ p. 33）に続いている（図1）。

　陸には高さ8kmを超える山脈があり，海には深さ10kmを超える海溝があるため，地球の表面は高度差約20kmの凹凸がある。ただし，地球の半径（約6400km）に比べれば極めて小さい。

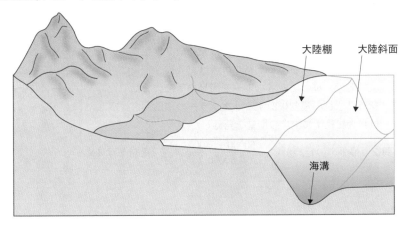

図1　地球表面の凹凸

EXERCISE 4

次のア〜ウに入る語句を答えよ。

　日本列島の地形は起伏に富んでいる。周辺の海では，海岸から水深200m程度まで比較的平坦な ア が存在していて， ア の端から水深2500m程度の海洋底（大洋底）までは傾斜の急な イ が続いている。さらに沖では，水深6000mを超えるような細長くて深い ウ が存在している。

‥‥‥‥‥‥‥‥‥‥‥‥‥‥‥‥‥‥‥‥‥‥‥‥‥‥‥‥‥‥‥‥‥‥‥‥‥‥

解答　ア：大陸棚　イ：大陸斜面　ウ：海溝

解説　数値は資料によってブレがあるので，「だいたい」をとらえておけばよい。ちなみに，海溝と同じような地形で，最大水深が6000mより浅いものをトラフ（→ p. 33）という。

POINT 2　地球の高度分布

　図2は，地球の表面を高度1kmごとに区切ったときの表面積の分布（割合）を示したものである。図2から，陸地の占める割合は海面から高さ1kmで最も大きく，海底の占める割合は約4〜5kmの深さで最も大きくなっていることがわかる。

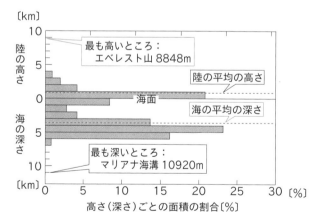

図2　地球の表面の高度分布

たとえば，高度1〜2kmである部分の地球表面全体における割合は，この図から5%弱とわかる。

EXERCISE 5

次のア～ウに入る数値を後の**語群**から選んで答えよ。

地球の表面は高度差が大きい。標高が最も高いエベレスト山（チョモランマ）から，水深が最も深いマリアナ海溝のチャレンジャー海淵まで，高度差が約 ア km もある。下の図より，地球の表面のうち陸の面積が占める割合は イ ％ほどである。また，1000 m ごとの高さ深さで見た場合，面積の割合が 3 番目に大きいのは深さ ウ m である。

語群：10 20 30 40 3000～4000 4000～5000 5000～6000

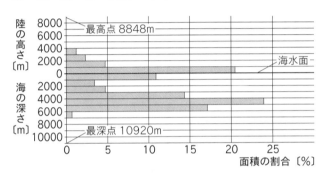

図　地球表面の陸の高さ・海の深さの分布

解答　ア：20　イ：30　ウ：5000～6000

解説　エベレスト山の標高は 8848 m（諸説ある），チャレンジャー海淵の水深は 10920 m ほどである。単位に気を付けると，その高度差は 20 km ほどとなる。図を用いると，陸の面積が占める割合は 1 + 2 + 5 + 21 = 29 ％と計算できる。この約 30 ％という数値は覚えておかなければならない。図より，最も面積の割合が大きいのは深さ 4000～5000 m，その次に大きいのは高さ 0～1000 m である。

POINT 3 　金星と火星の表面

　金星も火星も地球と同じ地球型惑星(→ p. 129)だが，金星や火星の表面の高度分布は地球とはかなり異なる。図3から，地球が高度分布に2か所のピークがあるのに対して，金星と火星には1つしかないことが読み取れる。地球の場合は，プレートの運動によって岩石の種類が異なる大陸地殻(→ p. 21)と海洋地殻(→ p. 21)が形成されたため，高度分布では陸地と海底にそれぞれ1つずつ，計2つのピークが見られる。一方，金星と火星では地球のようなプレートの運動が起きなかったため，高度分布のピークは1つしかない。

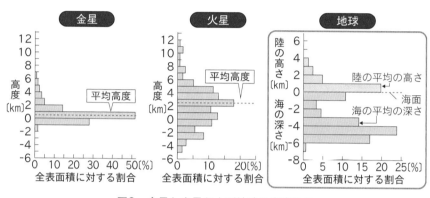

図3　金星と火星および地球の高度分布

➕ PLUS 　金星と火星の地形

　金星と火星を比べると，とりわけ金星は高度0km付近のほぼ同じ高さに顕著なピークが見られ，表面が一様であることがわかる。これは，金星が主に火山による玄武岩で表面が覆われているためと考えられる。一方，火星は金星とは対照的にバラエティに富んだ高度分布が見られる。火星にはクレーターや低地のような凹んだ部分もあれば，高さ20kmを超えるオリンポス山のような火山もある。また，流水地形が見られるのも火星の特徴である。金星と火星では，どちらも現在進行形で火山活動が起きている可能性があると考えられている。

😊 SUMMARY & CHECK

☑ 地球の表面の約70%が海，約30%が陸
☑ 地球の高度分布：陸地は高度0〜1km，海底は水深4〜5kmにピーク

THEME
3 地球の内部構造

GUIDANCE 私たちが怪我や病気をすると，病院でレントゲンやCTを撮る。原理的にはまったく同じように，地球内部を「掘る」。さらに，隕石やたまたま地表に現れた地球深部由来の岩石などありとあらゆるものを用いて，地球の内部構造を探求してみよう。

POINT1 地球の層構造

　地球の内部は，構成物質の違いによって，表面から順に<u>地殻</u>[1]・<u>マントル</u>・<u>核</u>の3層に分けられる（図1）。地殻とマントルとの境界は<u>モホロビチッチ不連続面</u>（<u>モホ面</u>）[2]とよばれている。また，核は状態によってさらに2層に分けられ，深さ約5100kmまでの液体部分を<u>外核</u>，それより内側の固体部分を<u>内核</u>という[3]。

[1] 地殻の「殻」は，卵の殻と同じ漢字である。

[2] クロアチアの地震学者モホロビチッチが，地下約50kmの深さで地震波の速さが急激に変化する境界面を発見したことにちなんで名付けられた。

[3] マントルと外核の不連続面はグーテンベルク不連続面，外核と内核の不連続面はレーマン不連続面とよばれている。

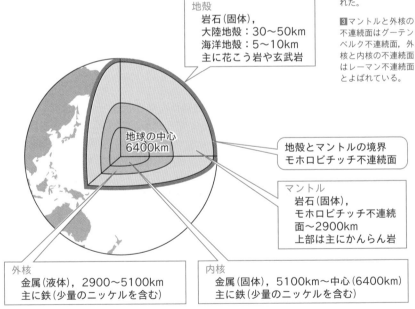

地殻
岩石(固体)，
大陸地殻：30〜50km
海洋地殻：5〜10km
主に花こう岩や玄武岩

地球の中心
6400km

地殻とマントルの境界
モホロビチッチ不連続面

マントル
岩石(固体)，
モホロビチッチ不連続面〜2900km
上部は主にかんらん岩

外核
金属(液体)，2900〜5100km
主に鉄(少量のニッケルを含む)

内核
金属(固体)，5100km〜中心(6400km)
主に鉄(少量のニッケルを含む)

図1　地球の層構造
各層のおよその深さを併記した。また，地表から中心に向かって，圧力，密度，温度は上昇すると推定されている。

　誕生間もないころの地球の表面は，マグマオーシャン（→ p. 181）とよばれる液体状態だったと考えられている。やがて，鉄やニッケルなどの高密度な物質は中心へ沈んでいき，岩石からなる地殻・マントルと，金属からなる核に分離し，層構造が形成された。

POINT 2　地殻を構成する物質

　<u>地殻</u>は地球の表面をつくる岩石の層で，<u>大陸地殻</u>と<u>海洋地殻</u>に分けられる。大陸地殻は厚さ30〜50kmと比較的厚く，上部は主に花こう岩質（花こう岩と同じような化学組成からなる岩石）で，下部は主に玄武岩質である。一方，海洋地殻は厚さ5〜10kmと比較的薄く，主に玄武岩質の岩石でできている（図2）。

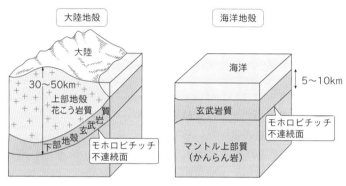

図2　大陸地殻と海洋地殻の構造

　上部地殻には，安山岩などの火山岩（→ p. 65）も多く含まれ，それ以外には，砂や泥が堆積してできた堆積岩（→ p. 170）や，温度や圧力が作用してできた変成岩（→ p. 39）が見られる。

　地殻を構成する元素は多い順に酸素，ケイ素，アルミニウム，鉄である。

POINT 3　マントルを構成する物質

　<u>マントル</u>は岩石からなる層で，モホロビチッチ不連続面の下から深さ約2900kmまで続いている。マントルの体積は，地球全体の80％以上を占める。また，マントルを構成する岩石の密度は，地殻をつくっている岩石の密度よりも大きい。

　マントルの上部は，主にかんらん岩でできている。マントルを構成する鉱物は深くなるにつれてより緻密になる。マントルは鉱物の違いによって，深さ約660kmよりも浅い上部マントルと，約660kmよりも深い下部マントルに分けられている。

<u>核</u>は，マントルの下から地球の中心までの部分である。核はさらに，外側にある<u>外核</u>（深さ2900〜5100km）と，内側にある<u>内核</u>の2層に分かれている。外核も内核も主に鉄で構成されており，少量のニッケルなどを含んでいる。外核は液体となっていて，内核は固体となっている。内核は外核よりも高圧であり金属の融点が高いので，温度が高くても金属が固体となっていると考えられる。

4 同じ「カク」でも「殻」ではなく「核」，つまり「芯」であることに注意。

PLUS 地球の磁場

外核では対流が起きており，これによって外核に含まれる金属が運動する。この金属の運動によって電流が流れ，地球の磁場が生み出されている。方位磁針が北を指すのは，外核の対流によって発生する磁場によるものである。

EXERCISE 6

次のア〜カに入る語句または数値を答えよ。

右の図は，構成物質の違いという観点から描いた地球の断面図である。つまり，各層は構成する物質の種類や状態が異なる。Aは ア ，Bは イ ，Cは ウ ，Dは エ とよばれている。A〜Dのうち主に鉄でできている層は オ つ，かんらん岩を多く含む層は カ つある。

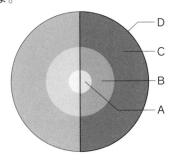

図 地球の層構造

· ·

解答 ア：内核 イ：外核 ウ：マントル エ：地殻 オ：2 カ：1

解説 地球の中心から，固体の内核，液体の外核，固体のマントル，固体の地殻である。内核を「内殻」と書かないように気を付けよう。内核と外核はともに鉄やニッケルなどでできている，ほぼ金属のみの層である。マントルも地殻も岩石で構成されているが，マントルは上部がかんらん岩である。下部は，かんらん岩がさらに緻密な構造になっている。地殻のうち，大陸地殻は花こう岩や斑れい岩，海洋地殻は玄武岩や斑れい岩でできている。

EXERCISE 7

EXERCISE 6 の図において，A層とB層の境界は地表から深さ5100 km のところにある。地球を完全な球とみなし，地球の半径を6400 km とすると，A層の体積は地球全体の体積のおよそ何％になるか。最も適当なものを①～④のうちから一つ選べ。

① 0.4% ② 0.8% ③ 4% ④ 8%

解答 ②

解説 EXERCISE 6 の図の A，すなわち内核の半径は，$6400 - 5100 = 1300$ km である。球の体積は半径の3乗に比例し，地球全体と比べるので，

$$\left(\frac{1300}{6400}\right)^3 \times 100 \fallingdotseq \left(\frac{1}{5}\right)^3 \times 100 = \frac{100}{125} = 0.8\% となる。よって，②が最も近い選択肢である。$$

地球内部を推定する方法

　人類が地球を直接掘った深さは，高々10km少々である。それでは，なぜ地球内部の物質の種類や物質の状態がわかっているのだろうか。その根拠の一つがゼノリス（捕獲岩）とよばれる岩石である。マントル内で発生したマグマが自動車並みの速い速度で上昇することがある。そのときマグマに周囲の岩石が崩れ落ちて「捕獲」されることがある。

　また，大学や研究所の高温高圧実験設備では，圧力と温度を加えたい試料を２つのダイヤモンドで挟んで試料に高圧を加えたり，レーザーや電気を用いて温度を上げたりする。こうやって，地球内部の様子を再現するのである。

　地球上で発見される隕石も，地球内部の様子を知る上で大きな手がかりになる。これは，隕石も地球も46億年前に同じ環境で生まれたと考えられているからである。隕石は地表の岩石に比べて鉄が多く含まれていて，地球内部には多量の鉄が存在すると推定する根拠になった。

　地球内部を推定する方法としては，地震波トモグラフィーも有用である。地震波トモグラフィーでは，CTスキャンで人体の断層映像を得るように，地震波の解析で地球の断層映像を得る。地震波を精密に観測すると，地球内部の地震波の進み方がわかる。地球内部では物質の種類や密度，温度といった性質が場所によって異なり，その違いが地震波の伝わり方の違いとして現れる。

⑤CTスキャンは，放射線を用いることによって実際に切ることなく人体などの断層映像を得る。ちなみに，CTスキャンの「T」はトモグラフィー（Tomography），つまり断層撮影という意味である。

SUMMARY & CHECK

☑ 地球の内部を構成物質の違いで分けると，
　外側から順に <u>地殻</u> → <u>マントル</u> → <u>核</u>

☑ 地殻やマントルは岩石，<u>外核</u>は液体の金属，<u>内核</u>は固体の金属

THEME 4　プレートテクトニクス

GUIDANCE　20世紀初頭，気象学者のウェゲナーは，さまざまな地学的証拠から，地球上の大陸は移動したのではないかと考えた。しかし，その原動力を説明することはできなかった。その後，日本の松山基範らによって古地磁気学が発展するにつれ，大陸が移動することは常識となっていったのである。

POINT 1　リソスフェアとアセノスフェア

THEME3のように，地球の内部を地殻・マントル・核に分けるのは，構成物質の違いに着目した分け方である。一方，流動性の違いに着目した分け方もある。右の図1は，構成物質の違いによる分け方と，流動性の違いによる分け方を並べたものである。

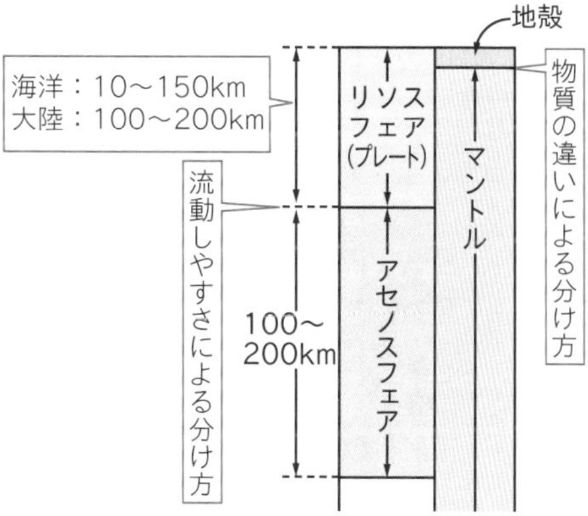

地球の表面は温度が低いため，表層付近は硬くて流動性が低い。この部分を<u>リソスフェア</u>という。ゆで卵の殻，バナナの皮のようなものだと思っていいだろう。ゆで卵の殻，バナナの皮はつるんとむける。これは，ゆで卵の白身やバナナの果肉が柔らかいからである。リソスフェアは地殻とマントルの最上部に相当し，その厚さは，海洋地域では10〜150km程度，大陸地域では100〜200km程度である。海と陸で厚さが異なることに注目しよう。

リソスフェアの下には，温度が高いため柔らかく，流動性が高い<u>アセノスフェア</u>とよばれる部分がある。流動性が高いといっても固体であることは，地震波の伝播の様子からわかっている。なお，アセノスフェアより深い部分にあるマントルはメソスフェアとよばれる。

海洋：10〜150km
大陸：100〜200km

流動しやすさによる分け方

リソスフェア（プレート）

アセノスフェア

100〜200km

地殻

マントル

物質の違いによる分け方

図1　地球の内部の分け方

地殻＝リソスフェアとなっていないことに注目しよう。なお，マントルのうちアセノスフェアに相当するのは深さ約200km程度までであり，その下にはマントルがまだ続いている。

[1] リソスフェアを日本語で言うと，岩石圏となる。

[2]「アセノ」は「弱い」という意味をもつ。

　リソスフェアは十数枚に分かれていて，この1枚1枚を<u>プレート</u>という。プレートは年間数 cm 程度の速さで移動する。プレートの移動は地球上にさまざまな地形をつくり，地震や火山活動などを起こす。このように，さまざまな地学現象をプレートの移動で説明しようとする考え方を<u>プレートテクトニクス</u>という。

　プレートのうち，大陸を乗せたプレートを<u>大陸プレート</u>(陸のプレート)，海洋を乗せたプレートを<u>海洋プレート</u>(海のプレート)という。日本列島付近には，北アメリカプレートやユーラシアプレートといった大陸プレートと，太平洋プレートやフィリピン海プレートといった海洋プレートがある(図2)。

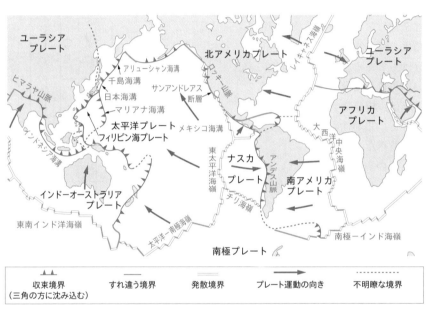

図2　地球表面のプレートの分布
プレートの数や分け方は諸説ある。

EXERCISE 8

次の文のうち，正しいものに○を，誤っているものに×を付けよ。

① 日本付近には，プレートが15枚ほど存在する。

② 地球の表面を覆うプレートの厚さは，数十〜200 km 程度である。

③ プレートは，数十〜数百年に一度のペースで大きく動く。

解答 ① : ×　② : ○　③ : ×

解説 日本列島付近の主なプレートの数は 4 枚である。プレート（リソスフェア）の厚さは，大陸プレートか海洋プレートかによっても異なるが，おおむね数十〜200 km 程度である。プレートが突然動くことで大地震が起きるのではなく，プレートは常に動いている。プレートが動くことで岩石にひずみがたまって地震が起きたり，プレートの沈み込みでマグマが発生しやすくなったりする。

EXERCISE 9

次のア〜エに入る語句を答えよ。

日本列島には右図のように 4 枚のプレートが分布し，プレートは絶えず互いに動いている。日本列島付近では，日本海溝で　ア　プレートの下に　イ　プレートが，南海トラフで　ウ　プレートの下に　エ　プレートが，それぞれ沈み込んでいる。

—— プレートの境界
‥‥‥ 不明瞭なプレートの境界

図　日本付近のプレートの分布

解答 ア：北アメリカ　イ：太平洋　ウ：ユーラシア　エ：フィリピン海

解説 日本列島付近では，日本海溝や千島海溝において，太平洋プレートが北アメリカプレートの下へ沈み込んでいる。また，南海トラフにおいてフィリピン海プレートがユーラシアプレートの下へ沈み込んでいる。太平洋プレートは，日本海溝から続く伊豆・小笠原海溝やマリアナ海溝において，フィリピン海プレートの下へ沈み込んでいる。

　たとえば，20℃の水が入った鍋に100℃に熱した石を入れると，対流によって鍋に入った水の温度は上がる。同様に，マントル内部には大規模な対流があり，核の熱で温められたマントルは浮力で上昇し，地表付近で冷やされて下降する。地震波の解析（→ p. 24）などによって，地表に向かって上昇する高温の<u>プルーム</u>（ホットプルーム）と，マントルの最深部に向かって下降する低温のプレートが確認されている（図3）。地球内部の熱は，このようなマントルの対流によって地表へ運ばれている。

　プルームは地球内部でほぼ同じ位置にあるとされる。プルームの一部が地表付近まで達した場所を<u>ホットスポット</u>という。ホットスポットではプルームによってマグマが供給され，火山が形成される。プレートが移動しても，ホットスポットの位置はほとんど変わらない。

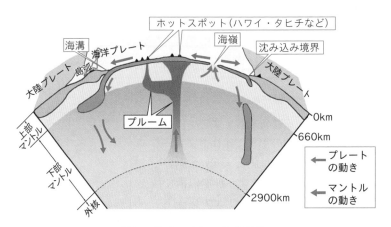

図3　地球の内部の対流運動

マントルは固体だが，核によって温められたり，地表で冷やされたりして，対流運動を起こしている。このようなマントル内部のプルームの運動と，プレートの運動が連動しているという考え方をプルームテクトニクスという。

EXERCISE 10

右の図の雄略海山(ハワイ島からの距離 約3500km)は約4740万年前にハワイ島の位置で形成され，太平洋プレートの移動によって現在の位置まで移動してきたと考えられている。雄略海山が誕生して以来，太平洋プレートの移動速度・方向ともに変化がないとして，4740万年前から現在までの太平洋プレートの移動速度〔cm/年〕を，小数第一位を四捨五入して求めよ。

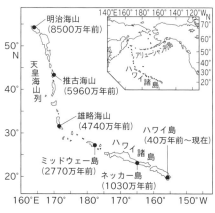

図　ハワイ諸島と天皇海山列

●は主な火山島や海山の位置を示す。また（　）内の数値はそれらの形成年代を示す。

解答　7 cm/年

解説　太平洋プレートは，約3500kmの距離を約4740万年かけて移動したと考えられるので，

$$\frac{3500\,\text{km}}{4340万年} = \frac{3500 \times 1000 \times 100\,\text{cm}}{4740 \times 10000年} = \frac{3500 \times 10\,\text{cm}}{4740年} = 7.3\cdots \fallingdotseq 7\,\text{cm/年となる。}$$

なお，雄略海山の誕生前はほぼ真北へ，誕生後は西北西へ移動していることがわかる。

ピンと来ない場合は次のように考えてみよう。ネッカー島は1030万年前に現在のハワイ島の付近にあった。つまり，現在のハワイ島の付近で生まれ，西北西へと進んだのである。

EXERCISE 11

　近年，地球内部にはプルームという上昇流があることがわかっており，プルームはプレートの運動と関係があると考えられるようになっている。上昇するプルームが発生する場所と向かう場所を矢印で示した地球断面の模式図として最も適当なものを，次の①〜④のうちから一つ選べ。

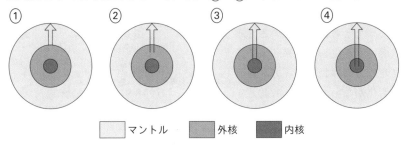

① ② ③ ④

□マントル　□外核　■内核

解答　①

解説　地球は中心に近づくほど高温である。外核で温まったマントルは密度が小さくなり上昇しようとする。プルームは外核と接しているマントルの最深部から上昇する。一方，地表に近づいたマントルは冷えて密度が大きくなり下降しようとする。長い年月ではこのように対流が生じている。このような対流は自然界ではしばしば見られ，味噌汁のお椀内での対流や太陽の粒状斑（→ p. 134）なども仕組みとしては同様である。

 SUMMARY & CHECK

☑ 地球の内部を流動性の違いで分けると，
　外側から順に<u>リソスフェア</u>（硬い）→<u>アセノスフェア</u>（柔らかい）

☑ <u>プレート</u>：リソスフェアが十数枚に分かれたもの。
　日本列島の近くにある4枚のプレートは，北アメリカプレート，
　ユーラシアプレート，太平洋プレート，フィリピン海プレート

☑ <u>プレートテクトニクス</u>：さまざまな地学現象をプレートの移動で説明する考え方

☑ <u>プルーム</u>：マントルが熱によって上昇する大規模な柱状の流れ

THEME
5
プレートの運動とその境界

GUIDANCE　地学の尺度は大きい。1億年前でさえ,「最近」とみなすこともある。1年に高々数cmというプレートの動きは, 破滅的な地震や火山活動すらもたらす。地球の表面は, 常にうごめき, 変化し続けているのである。プレート境界の意味とそこで起こる現象をしっかりと学ぼう。

POINT 1　プレートとその境界

地球の表面を覆うプレートは, 年間数cmの速さで別々に移動する。このことから, 隣り合うプレートの境界は, 次の図1に示す3種類に分類することができる。

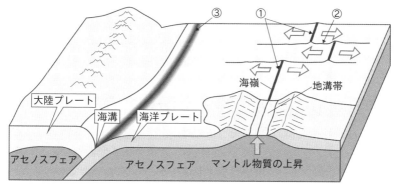

図1　プレートの境界
①はプレートどうしが遠ざかる境界, ②はプレートどうしがすれ違う境界, ③はプレートどうしが近づく境界である。

それぞれの境界について, 次のページから詳しく見ていこう。

POINT 2 プレートどうしが遠ざかる境界

　発散境界(拡大境界)ともいう。代表的なものが海嶺や地溝帯である。発散境界では，マグマが上昇して冷え固まり，海底が生成され，両側に移動していくことによってプレートが拡大する。

　大西洋の中央部には南北に走る大西洋中央海嶺があり，海底が東西に拡大している。大西洋中央海嶺はアイスランドを横切っていて，アイスランドにはギャオとよばれる割れ目が生じている。海嶺はほとんどが海底にあるが，アイスランドのギャオは，海嶺が陸上に現れた例の一つである。

　大陸が分裂する際にできるのが地溝帯で，構造的には海嶺と同様である。アフリカ東部には大地溝帯が南北に走っている。長い年月が経つと，この地溝帯もいずれ海に沈み海嶺となる。

　海嶺も地溝帯も，活発な火山地帯である。海嶺直下には，アセノスフェアの一部である高温で柔らかい岩石が上昇してきている。それがマグマとなり，海水で冷却されて新しい海底をつくるのである。できたばかりの海底は周囲よりも高温で低密度であるため，盛り上がっている。これが，海嶺がそびえ立っている理由である。生まれたばかりの海底は薄いが，徐々に直下の冷えたアセノスフェアと一体化し，厚みを増していく。

POINT 3 プレートどうしがすれ違う境界

　プレートどうしが互いにすれ違う境界は，トランスフォーム断層となっている。トランスフォームは英語で transform，変換する・変形させるという意味がある。トランスフォーム断層は横ずれ断層(→ p. 38)の一種でもある。

　地球が球体であるため，海嶺はところどころで途切れている。つまり，海嶺の正体は"短い海嶺"がつながってできたものである。トランスフォーム断層は，この短い海嶺どうしをつなぐ部分であり，一つのプレート境界から別のプレート境界へと移る

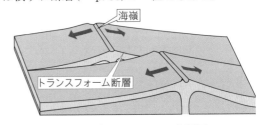

図2　トランスフォーム断層
トランスフォーム断層を境にプレートがすれ違って動いている。

(変換する)役割を果たしている(図2)。また，トランスフォーム断層から両側に延びている線状の地形を断裂帯といい，海嶺に直交して多くの断裂帯が延びている。

　トランスフォーム断層付近では，断層の両側のプレートが別方向へ移動し続けているため，断層付近の岩石に大きな力が加わったり，高低差が生じたりすることがある。サンアンドレアス断層(図3)のように陸上で見られるトランスフォーム断層もある。

図3　サンアンドレアス断層
アメリカ合衆国のカリフォルニア州を縦断している(左図)。断層付近に大きな力が加わることで岩石が削られ，谷間のように見える(右の写真)。

POINT 4　プレートどうしが近づく境界 I

　収束境界ともいう。プレートどうしが近づく境界では，大陸プレートと海洋プレートが近づくときと，大陸プレートどうしが近づくときで，起こる現象が異なる。これは，大陸プレートと海洋プレートで密度が異なるからである。

　大陸プレートと海洋プレートが近づいて衝突すると，より密度が大きい海洋プレートが，より密度が小さい大陸プレートの下に沈み込む(図4)。この沈み込む場所で海底にできるくぼみは海溝[1]やトラフ[2]とよばれる。

　海洋プレート上には，堆積物や海山(海の中にある山)があり，海溝で沈み込むときに，大陸プレート側にこれらの一部が付け加わることがある。これを付加体という。付加体が大陸プレートの縁に付け加わることで，大陸プレートが成長するのである。ほかにも，プレートの沈み込み帯では火山活動が活発である。

図4　大陸プレートと海洋プレートの衝突

[1] 伊豆・小笠原海溝のように，海洋プレートである太平洋プレートが同じ海洋プレートであるフィリピン海プレートの下に沈み込んでできた海溝もある。

[2] トラフは，海溝よりも浅くて幅の広い，海底上のくぼみを指す。

海溝に沿ってに弓なりに形成される島々を<u>島弧</u>(弧状列島)という。日本列島は島弧の一つである。また,海溝に沿う部分で大陸の縁に形成された山脈を<u>陸弧</u>という。<u>アンデス山脈</u>→③は陸弧の一つであり,大陸プレートである南アメリカプレートの下に,海洋プレートであるナスカプレートが沈み込むことによって成長したものである。

③アンデス山脈は南アメリカ大陸の西側に位置し,南北に長さ7000kmを超え,標高は高いところで7000m近くもある巨大山脈である。

➕ PLUS　海溝や列島が弓なりになる理由
　海溝や列島が「弧状」であるのは,地球が球体だからである。地球をゴムボールにたとえたモデルで確かめてみよう。右図のように,少し空気を抜いたゴムボールの一部をへこませ,球体の表面を折り曲げると,その折れ線は弓なりになる。

弧を描いている

POINT **5** プレートどうしが近づく境界Ⅱ

　大陸プレートどうしが衝突すると,密度の違いが小さいため,一方が他方の下に沈み込むことは難しい。したがって,衝突した境界付近が隆起する(図5)。このようにしてできた山脈が,アルプス山脈やヒマラヤ山脈である。

　ヒマラヤ山脈を例にとろう。かつて,インドとユーラシア大陸の間には海があった。インド-オーストラリアプレートの北上に伴い,インドとユーラシア大陸が衝突した。海底だったところは隆起し,高い山となった(図6)。現在でもインド-オーストラリアプレートは年間5cmほどの速度で北上しており,ヒマラヤ山脈は年間数mm隆起している。

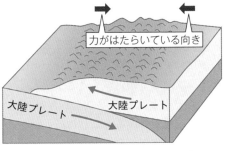

力がはたらいている向き

大陸プレート　　大陸プレート

図5　大陸プレートどうしの衝突

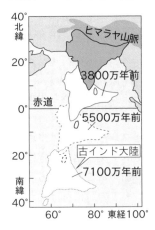

図6　インドとユーラシア大陸の衝突

EXERCISE 12

　次の図は，海嶺付近の模式図である。生まれた海洋プレートが，海嶺と直交する向きに進んでいる。3点a，b，cは，プレート上に固定された点である。下の**問1**・**問2**に答えよ。なお，海嶺X，Yで生まれたプレートは途中で途切れず連続しているものとする。

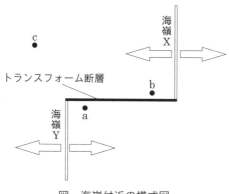

図　海嶺付近の模式図

問1　3点a，b，cについて，図の状態からしばらくの間，時間の経過とともに距離が増加する組合せを次の①〜③のうちから一つ選べ。

①　aとb　　　　②　aとc　　　　③　bとc

問2　図において，生み出されたプレートは1年間に8cmの速さで進む。海嶺Xと点cとの距離を4000kmとすると，点cにおける海洋底が形成されたのは，古生代・中生代・新生代のいずれであるか，一つ選べ。

....

解答）　**問1**　②

　　　　問2　新生代

解説）　**問1**　aは右へ，bとcは左へ動く。bとcの距離は変化しない。aとbについては，最初は2点間の距離が減少し続け，ちょうど2点が上下に並んで見えた後は距離が増加し続ける。

問2　cの海底は海嶺Xで生まれた。したがって，

$$\frac{4000\,\mathrm{km}}{8\,\mathrm{cm/年}} = \frac{4000 \times 1000 \times 100\,\mathrm{cm}}{8\,\mathrm{cm}}\,年 = 500 \times 10万年 = 5000万年となる。よって，$$

現在から約6600万年前に始まった時代である新生代が正解である。古生代・中生代・新生代の区分については p.180 を参照すること。

EXERCISE 13

次のア〜エに入る語句を後の**語群**から選んで答えよ。

大洋底には海嶺とよばれる大山脈がある。そこでは，新しい ア プレートが形成されている。一方，大陸プレートどうしが衝突している地帯では，現在 イ ・ ウ のような大山脈が形成されている。日本列島はプレートの移動による エ によって，断層や褶曲（しゅうきょく）といった構造がつくられ，地表の起伏が大きくなっている。

語群：大陸　海洋　アンデス　アルプス　クラカタウ　ヒマラヤ
　　　　膨張　引っ張り　圧縮

解答　ア：海洋　イ：アルプス　ウ：ヒマラヤ　エ：圧縮
　　　（イとウは順不同）

解説　マグマの上昇が盛んで，盛り上がった海底が海嶺であり（他にも定義あり），海洋プレートが生産される大規模な海嶺が中央海嶺である。中央海嶺で生まれた海洋プレートは海溝で大陸プレートの下に沈み込み，消滅する。ヒマラヤもヨーロッパ・アルプスも大陸プレートどうしの衝突でできている。アンデスは日本列島と同様に，海洋プレートが大陸プレートの下へ沈み込むことで形成された。クラカタウ（クラカトア）は，インドネシアにある火山であり，マグマの噴出によって形成された。プレートの収束境界にあり，かつて地球全体が寒冷化するような大噴火や，山体崩壊による津波を何度も起こした。

EXERCISE 14

右の図1は，2枚のプレート（イ），（ロ）とその境界が示されている。GPSによってプレート（イ）に対するプレート（ロ）の運動を調べたところ，おおむね北西へと動いていた。次ページの図2の各折れ線P，Q，Rは，図1におけるAB間，BC間，CA間のうちどの距離変化を表したものか，それぞれ答えよ。

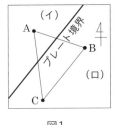

図1

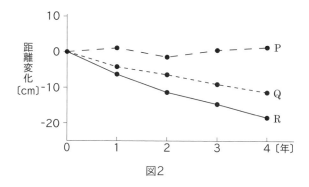

図2

解答 曲線P：BC間　曲線Q：CA間　曲線R：AB間

解説　題意は，「プレート(イ)を固定し，プレート(ロ)を動かして考えよ」ということである。2点B，Cは同一プレート上だから，その距離はほとんど変化しないと考えられる。よって，曲線Pが妥当である。BC間の距離が多少変化しているのは，プレートの移動によって岩盤に負荷がかかり，変形したなどの理由が考えられる。また，右図のようにプレート(ロ)が動いたと考えると，点BはB′，点CはC′に移動する。このとき，AB間の距離変化はABとAB′の長さの差になり，AC間の距離変化はACとAC′の長さの差になる。AB間の方がAC間に比べてプレート(ロ)の動く向きに近いことから，ABとAB′の長さの差の方がACとAC′の長さの差よりも大きい。このことから，AB間の距離変化を表したものが曲線R，AC間の距離変化を表したものが曲線Qとわかる。

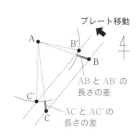

プレート移動

ABとAB′の
長さの差

ACとAC′の
長さの差

SUMMARY & CHECK

☑ プレートどうしが遠ざかる境界：<u>海嶺</u>や<u>地溝帯</u>を形成

☑ プレートどうしがすれ違う境界：<u>トランスフォーム</u>断層を形成

☑ プレートどうしが近づく境界：<u>海溝</u>や大山脈を形成

THEME 6　地質構造と変成作用

📖 **GUIDANCE**　「変成岩」という語は，一般にはなじみがないだろう。一見すると特殊な岩石の名称に思えるが，実のところ，我らが住む地球では「普通の」岩石なのである。長い年月が生み出した岩石こそが変成岩であり，その元になるのは，堆積岩や火成岩，そして変成岩である。

POINT 1　断層

　プレートの運動によって地層や岩石に大きな力が加わると，地層や岩石がずれて食い違いができることがある。この食い違いを<u>断層</u>，食い違いで生じた面を<u>断層面</u>という。ずれる動きによって，断層面上にはしばしば傷ができている。また，断層面付近には破砕帯という文字通り岩石が砕かれた構造が見られることがあり，そこに地下水がしみ出すことがある。破砕帯は非常に軟弱であるため，その付近では地すべりや土石流が生じやすい。

　断層面に対して，上側の部分を上盤（うわばん），下側の部分を下盤（したばん）という。また，断層はずれの向きによって，<u>正断層・逆断層・横ずれ断層</u>に大別される（p.39図1）。正断層は，水平方向に引っ張る力がはたらいて生じることが多く，上盤が下盤に対し下方(重力の方向)に移動してできる。逆断層は，主に水平方向に圧縮する力がはたらいて生じることが多く，上盤が下盤に対し上方へ移動してできる。横ずれ断層は水平方向にできた断層で，観測者から見て断層を挟んだ向こう側の岩盤が右にずれたものを右横ずれ断層，左にずれたものを左横ずれ断層という。

1 逆断層のうち，断層面が水平面となす角度が小さく，上盤が下盤の上に乗り上げているものを，衝上断層という。衝上断層はプレートの境界付近で多く見られる。

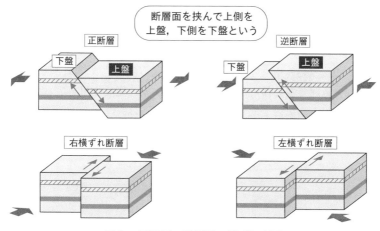

図1　正断層・逆断層・横ずれ断層

実際の断層は鉛直方向（重力がはたらく方向）のみまたは水平方向のみにずれるものは少なく，図のいずれかの断層に明確に分類できないことが多い。

POINT 2　褶曲

　地下深くで大きな力がゆっくり加わると，地層が波を打ったように変形することがある。これを褶曲という（図2）。褶曲は，完全に固結しているとは言えない地層に水平方向の圧縮の力が加わることによってできやすい。盛り上がった部分が背斜，沈んだ部分が向斜である。また，背斜の最高点を結んだ線を背斜軸，向斜の最低点を結んだ線を向斜軸という。

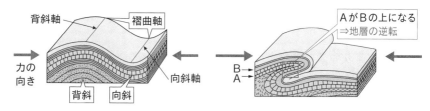

図2　褶曲

右側の図のように，布団を折りたたんだように極端に倒れて見える褶曲では地層の逆転，すなわち新しい地層が古い地層の下である構造が見られる。

POINT 3　変成岩

　火成岩や堆積岩などの既存の岩石が，地下の深い場所などで温度や圧力などの影響を受けて，固体の組織や鉱物の種類が変わり，元とは違った岩石になることがある。このようにしてできた岩石を変成岩といい，変成岩ができる作用

を変成作用という。変成岩が帯状に分布するとき，その地帯を変成帯という。

POINT 4 広域変成作用

　プレートの沈み込みや大陸どうしの衝突が見られる地域では，数百 km ～数千 km の広い範囲で変成作用が起きる。このような変成作用を広域変成作用といい，できた岩石を広域変成岩という。下の図3は，プレートの沈み込み帯で広域変成岩ができる様子を示したものである。

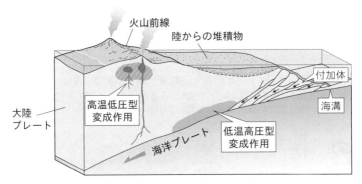

図3　プレートの沈み込み帯での広域変成作用

海溝から沈み込む海洋プレートに深く押し込まれてできる低温高圧型変成岩と，マグマが上昇した比較的浅いところでできる高温低圧型変成岩がある。

　プレートの沈み込みによって強い圧力を受けると，構成鉱物が一定方向に並び，その方向に沿って割れやすくなる。このようにしてできた広域変成岩を片岩という（図4）。

　マグマ溜まりのまわりなどの高温になる場所では，粗粒の鉱物からなる片麻岩が形成される。片麻岩には，主に黒雲母からできている黒い縞と主に石英や長石からできている白い縞が見られる。

図4　片岩

片岩に見られる一定方向の配列を，片理または片状構造という。

EXERCISE 15

　広域変成岩について述べた次の文のうち，正しいものに○を，誤っているものに×を付けよ。

① 火山前線付近の火山から流出した溶岩が地表の岩石に変成作用を与えた結果できたものである。

② 地下深部の大規模な断層運動による摩擦熱でできる岩石である。

③ 隕石などの小天体が衝突した際に発生した高温，高圧の条件で生成する。

④ プレートの沈み込み帯において生成する。

⑤ 火成岩が地下深くの高温，高圧の条件に置かれてできることがある。

....

解答 ①：×　②：×　③：×　④：○　⑤：○

解説 広域変成作用とは，プレートの沈み込み帯や大陸の衝突帯で広範囲に見られる現象である。①，②，③はそのいずれにも該当しないので不適当である。④は正しい文である。⑤は，プレートの沈み込み帯で起きる現象なので正しい。変成岩の元になるのはさまざまな岩石であるから，それが火成岩でも問題はない。

POINT 5 接触変成作用

　高温のマグマが貫入すると，マグマの周囲が強く熱せられ，マグマの周囲数m〜数kmの範囲で変成岩ができる（p. 42図5）。このような比較的狭い範囲で起こる変成作用を接触変成作用といい，できた岩石を接触変成岩という。砂岩や泥岩などが接触変成作用を受けると，緻密で硬いホルンフェルスになり，石灰岩が接触変成作用を受けると結晶質石灰岩（大理石）になる。接触変成岩は広域変成作用でできた岩石と異なり，構成する粒子に方向性はない。

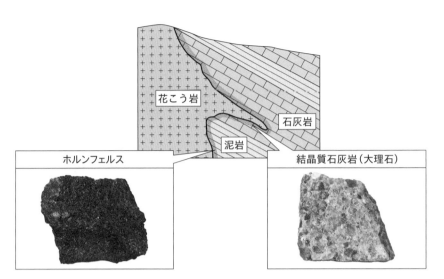

図5　接触変成作用

泥岩や石灰岩の層に花こう岩となるマグマが貫入し，高温の花こう岩に周辺の岩石が熱せられ，接触変成岩ができる例を示している。

EXERCISE 16

次のア・イに入る語句を後の**語群**から選んで答えよ。

下の図は，ある斑れい岩体とその周辺に発達する変成岩の分布を模式的に示した平面図である。貫入してきたマグマの ア によって， イ 変成作用を受け，ホルンフェルスに変わっていた。このホルンフェルスの元は泥岩で，A帯よりもB帯，B帯よりもC帯に，より高温下で安定的に存在する鉱物が含まれていた。

語群：熱　圧力　広域　接触　風化

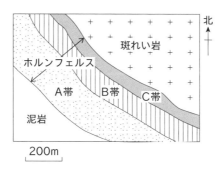

図　斑れい岩体とその周辺に発達する変成岩の分布を模式的に示した平面図

解答）　ア：熱　イ：接触

解説）　図はマグマの貫入で泥岩が接触変成作用を受け，泥岩が硬く緻密なホルンフェルスになったことを表している。焼き物のようにマグマの熱で泥岩が「焼かれ」て，マグマに近いほど熱による変成が進んでいる。同じ化学式をもつ鉱物であっても，A帯よりC帯の方がより高温下で安定的に存在できる構造の鉱物になる。

SUMMARY & CHECK

☑ 断層：ずれの向きによって正断層，逆断層，横ずれ断層に分けられる
☑ 褶曲：地層が波状に変形したもの
☑ 変成岩：高温や高圧による変成作用でできた岩石
☑ 広域変成作用：広範囲。片岩や片麻岩を形成
☑ 接触変成作用：比較的狭い範囲。ホルンフェルスや結晶質石灰岩を形成

THEME
7　地震の仕組みと規模

🏠 **GUIDANCE**　研究者や医師のたゆまぬ努力で，さまざまな病気の原因が明らかになり，多くの人が救われるようになった。知の蓄積は医療のみならず，学問全体に当てはまる。地震学も，地震が起きる度にデータが蓄積され，専門家達はデータの解析に努めている。起きている自然現象を冷静にとらえよう。

POINT 1　地震とは

　プレートの移動やマグマの上昇などにより，地下では常にさまざまな変化が起きている。地下の岩石にひずみが蓄積された結果，岩石や地層が破壊されることで，大地が揺れるのが地震という現象である。地震に伴って，岩石や地層が短時間にある面を境にずれ，断層(→ p. 38)ができることがある。このようなずれる運動を断層運動という。地震を起こした断層を震源断層，震源断層が地表に現れているものを地震断層という(図1)。

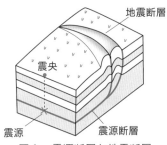

図1　震源断層と地震断層

　破壊が最初に起きた付近を震源といい，震源直上の地表の点を震央という。破壊とずれは振動を生じさせ，振動は震源から2種類の地震波(P波・S波)として伝わっていく。

POINT 2　地震の規模

　断層運動の規模は，マグニチュード(M)で表される。マグニチュードは地下で岩石がずれる際に要したエネルギー尺度であり，マグニチュードが2大きいとエネルギーは1000倍，1大きいと$\sqrt{1000} \fallingdotseq 32$倍となる。

　地震波が地表に達すると，地震動といわれる揺れが生じる。その強さを震度で表す。震度階級は0・1・2・3・4・5弱・5強・6弱・6強・7の10段階である(p.45表1)。

　一般に震源(震央)に近いほど震度は大きくなり，マグニチュードが大きいほど震度も大きくなる。

表1　震度階級と人の体感・行動の関係
気象庁ホームページ「気象庁震度階級関連解説表」から抜粋。
一言一句覚える必要はない。

震度階級	人の体感・行動
0	人は揺れを感じないが，地震計には記録される。
1	屋内で静かにしている人の中には，揺れをわずかに感じる人がいる。
2	屋内で静かにしている人の大半が，揺れを感じる。眠っている人の中には，目を覚ます人もいる。
3	屋内にいる人のほとんどが，揺れを感じる。歩いている人の中には，揺れを感じる人もいる。眠っている人の大半が，目を覚ます。
4	ほとんどの人が驚く。歩いている人のほとんどが，揺れを感じる。眠っている人のほとんどが，目を覚ます。
5弱	大半の人が，恐怖を覚え，物につかまりたいと感じる。
5強	大半の人が，物につかまらないと歩くことが難しいなど，行動に支障を感じる。
6弱	立っていることが困難になる。
6強 7	立っていることができず，はわないと動くことができない。揺れにほんろうされ，動くこともできず，飛ばされることもある。

POINT 3　本震と余震

　大規模な地震が起きた後，小さい地震が頻発することがある。このとき，はじめに起きた大きな地震を本震，それに続く小さい地震を余震という。本震で生じた断層面(→ p.38)全体を震源域，余震の分布する領域を余震域という。余震は震源域付近に広がることが多い。

　一連の地震活動が収まると，震源断層付近は再び固着し，ひずみが蓄積するようになる。ひずみの蓄積が限界に達すると，再び地震が起きる。最近数十万年間に繰り返し活動し，今後もずれる可能性がある断層を活断層という。

EXERCISE 17

次のア〜ウに入る語句または数値を後の**語群**から選んで答えよ。

1995年1月17日早朝，明石海峡の地下16 km を　ア　とする兵庫県南部地震が発生した。神戸市や芦屋市，西宮市では最大震度　イ　を記録した。この地震の　ウ　は淡路島から神戸市にかけての領域に集中して発生したが，時間経過とともに減少していった。

語群：震央　震源　震源地　7　8　前震　本震　余震

解答　ア：震源　イ：7　ウ：余震

解説　震源とは地下で岩石の破壊が始まった点で，震源を含む破壊された領域全体を震源域という。震源の真上にある地表の点を震央といい，俗に震源地とよばれることもある。兵庫県南部地震では，当初，最大震度6と発表されたが，現地調査によって最大震度7に改められた。当時の震度階級では7が最大であり，現在でも7が最大である。その後，実態に即して震度5と震度6がそれぞれ強弱の2段階に分けられた。本震とは，一連の地震活動の中で最も規模の大きいものをいう。本震以前に起きた本震に関連する地震を前震という。また，本震以降に起きた本震に関連する地震を余震という。余震域すなわち余震の震源分布は本震の震源付近に集中する。

POINT 4　地震波の伝わり方

　震源で発生した地震波は，地球内部を伝わっていく。2種類ある地震波のうち，P波はS波と同時に発生するが，P波の方がS波よりも速く伝わるために，最初はP波の小さい揺れが地表で観測される。これを<u>初期微動</u>という。遅れてS波が到着し，<u>主要動</u>とよばれる大きな揺れが起きる。ある観測点にP波が到着してからS波が到着するまでにかかる時間を<u>初期微動継続時間</u>という（p. 47図2）。

■1 P波が到達して起きる最初の地表面の振動を初動という。初動が震源から遠ざかる（押し出される）ようであれば「押し」，震源に近づく（引き込まれる）ようであれば「引き」という。

■2 初期微動継続時間を「PS時間」と略すこともある。

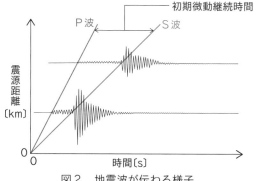

初期微動継続時間

P波　　　　　S波

震源距離〔km〕

0　　　　時間〔s〕

図2　地震波が伝わる様子

このグラフでは，横軸が時間を表していることに注意しよう。

震源から観測点までの距離（震源距離）を D，観測点における初期微動継続時間を T とすれば，$D = kT$ が成り立つ。これを<u>大森公式</u>という。k は岩盤の硬さなどによる定数であり，おおむね 7km/s 前後の値をとる。この公式は，震源から観測点までの距離と初期微動継続時間が比例関係にあることを意味している。
→3

3 地震学者の大森房吉（1868 ～ 1923）が提唱した。大森房吉は，世界で初めての本格的な地震計を開発したことでも知られる。

EXERCISE 18

次のア・イに入る語句を後の**語群**から選んで答えよ。

地震波の中でも，P波は他の種類の地震波に比べて伝わる速さが　ア　く，　イ　とよばれる揺れを引き起こす。

語群：速　遅　主要動　初期微動

- -

解答）　ア：速　イ：初期微動

解説）　中学校でも学習した通り，P波はコトコトした揺れである初期微動をもたらす。主要動はS波の到着で始まる。S波の到着後，表面波（地表に達したP波・S波が変化して地表を伝わってきた波）が到着して揺れが増幅することがある。

EXERCISE 19

　震央距離と地震波(P波・S波)が伝わる時間の関係を表したものを，走時曲線という。次の図は，地表付近で発生したある地震のP波とS波の走時曲線を示す。このとき，後の**問1・問2**に答えよ。

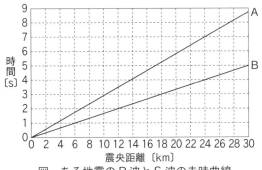

図　ある地震のP波とS波の走時曲線

問1　直線AはP波とS波，どちらの走時曲線であるかを答えよ。

問2　震源距離は初期微動継続時間に比例する。比例定数を，単位を〔km/s〕として求めよ。

・・

解答　**問1**　S波

　　　問2　8km/s

解説　本問では，縦軸が時間を表していることに注意する。

　問1　図の横軸は「震央距離」であるが，問題文に「地表付近で発生した」とあるので，震源と震央は一致すると考える。同じ震央距離の観測点にBよりもAの方が遅れて伝わっているので，直線AはS波の走時曲線であるとわかる。

　問2　具体的な数値を挙げてみよう。たとえば，震央距離(震源距離)24kmをとる。直線BよりP波は4秒後，直線AよりS波は7秒後に到着しているから，初期微動継続時間は3秒である。求める比例定数をa〔km/s〕とすると，$24 = a \times 3$から，$a = 8$km/sと求まる。

POINT 5 地震波を用いた震源の決定

　地震波は震源からすべての方向に3次元的に伝わっていく。ある地震において、3つの観測点 A，B，C から震源までの距離(D_A，D_B，D_C)がわかったとする。それぞれの観測点を中心とした半径 D_A，D_B，D_C の球が交わってできる点が震源，その直上の点が震央になる(図3左)。また，地表面において観測点 A，B，C を中心とし，それぞれの震源距離 D_A，D_B，D_C を半径とする円を描くと，その共通弦の交点が震央である(図3右)。

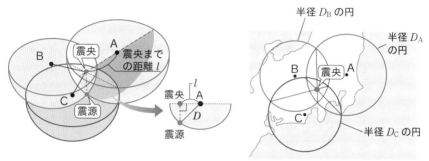

図3　震源・震央の決定

➕ PLUS　震源の深さの計算

　震源距離を D，震央距離を l とすると，震源の深さ h は，下図のようにして三平方の定理で計算できる。

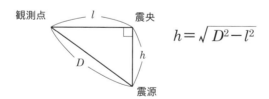

$$h = \sqrt{D^2 - l^2}$$

P波による地面の最初の動きのことをP波の初動という。観測点Aで地震による揺れを観測した。P波の初動を調べたところ，観測点Aの地面は水平方向では北に，上下方向では上に動いたことが地震計によってわかった。観測点Aから見て，震央はどの方位にあると考えられるか。四方位（東・西・南・北）で答えよ。

解答 南

解説 岩盤が断層を境にどうずれたのかは，各地に設置されている地震計の記録から判断できる（3種類の地震計によって，南北方向・東西方向・上下方向のいずれに動いたかがそれぞれわかる）。P波の初動分布の上下に注目する。「上」ならば震源から離れる方向，「下」ならば震源の方向に動いている。今回は「上」に動いているので，水平方向で動いた「北」が震源の方向と逆向きであることがわかる。したがって，観測点Aから見て震央は「南」の方向にある。

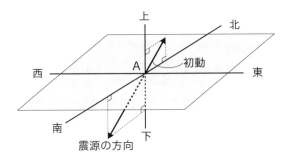

 SUMMARY & CHECK

☑ **マグニチュード**：断層運動の規模
　震度：揺れの大きさ
☑ **P波**：先に到着し，初期微動を起こす
　S波：後から到着し，主要動を起こす
☑ **初期微動継続時間**：P波が到着してからS波が到着するまでにかかる時間。初期微動継続時間は，震源から観測点までの距離に比例する（大森公式）

地震が発生する地域

🏛 **GUIDANCE** 　大地震が起きるのは，地球が生きている証拠である。学問的には
このようにとらえられるが，実際に私たちの生活には大きなダメージをもたら
す。日本列島にはなぜ地震が多いのか。なぜ大津波が発生するのか。減災のた
めにも，メカニズムを理解するようにしよう。

POINT 1 　地震の分布

　次の図1は，世界のどこで地震が起きているのかを示したものである。地震
の多くはプレートの境界付近で起きている。とくに日本を含む環太平洋地域は
地震の頻発地域となっている。

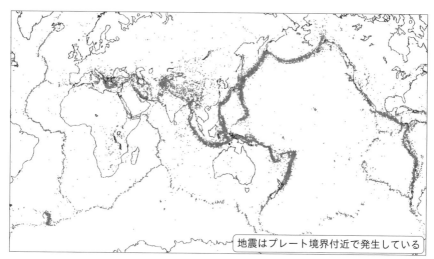

地震はプレート境界付近で発生している

図1　世界の地震分布

マグニチュード4以上，震源の深さが100kmよりも浅い地震(1991～2010年)を・で示
している。

　環太平洋地域のプレートどうしが近づく境界では，世界の地震エネルギーの
約4分の3が放出されている。日本列島付近の海溝沿いに限定しても，多数の
巨大地震が発生している(p. 52図2)。

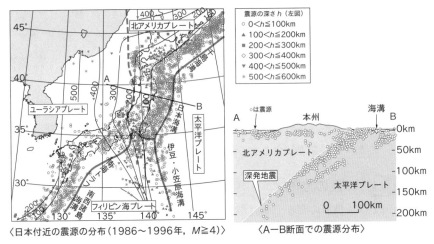

〈日本付近の震源の分布（1986～1996年，M≧4）〉　〈A－B断面での震源分布〉

図2　日本付近の地震の震源分布と震源の深さ

POINT 2　日本付近の地震の特徴

日本列島付近で起こる地震を大きく分けると，次の図3に示す3種類がある。

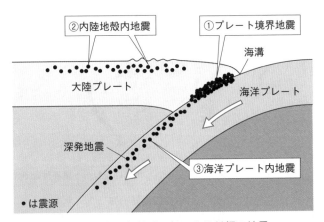

図3　日本列島付近で起こる3種類の地震

①プレートの境界で起こる地震（プレート境界地震）

　海溝では，海洋プレートが大陸プレート先端を引きずり込み，大陸プレートの境界にひずみが蓄積する。ひずみがある程度蓄積され限界に達すると，地震が発生する。津波を伴うこともある。引きずり込まれてひずみが蓄積しているとき，海岸付近は沈降する。地震発生後，海岸付近は急激に隆起し，内陸部は沈降する。このようなメカニズムで100～200年ごとに繰り返されて

起きた地震の一つが，1946年の南海地震である（図4）。2011年に起きた東北地方太平洋沖地震も，プレートの境界で起きた地震である。

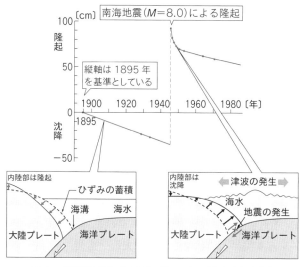

図4　南海地震におけるプレートの動き（室戸岬）

②大陸プレート内の上部地殻で起こる地震（内陸地殻内地震→■1）

　海洋プレートの沈み込みによって蓄積されたひずみによる地震は，海溝から遠く離れた大陸プレート内部でも起きる。震源はおおむね20kmより浅く，マグニチュードが小さくても大きな被害が出やすい。この種類の地震には，1995年に起きた兵庫県南部地震や，2004年に起きた新潟県中越地震などがある。

③海洋プレート内で起こる地震（海洋プレート内地震）

　海洋プレートの変形によるひずみが蓄積されて起きる。沈み込む海洋プレート内では，沈み込む方向に傾斜した面に沿って地震が発生している。深さ100kmよりも深いところで発生している地震を深発地震とよぶことがある。深発地震は沈み込む海洋プレート内で起こっていて，深いところでは深さ約700kmにも達する。この種類の地震には，1993年に起きた釧路沖地震や，1994年に起きた北海道東方沖地震などがある。

■1 大陸プレート内地震ともいう。

■2 深発地震の震源が分布する領域を深発地震面（和達‐ベニオフ帯）という。

アスペリティ

プレートが沈み込む付近では，ゆっくりとすべっている部分とプレートどうしが強く固着している部分がある。この固着している部分をアスペリティという。プレートのひずみはアスペリティに集中し，地震が起こるとこのひずみが解放されるため，アスペリティが大きくずれる。現在，アスペリティに蓄積されるひずみを観測することで，地震の発生場所や時期を予測する研究が行われている。

EXERCISE 21

次のア〜エに入る語句または数値を後の**語群**から選んで答えよ。

浅い地震，すなわち震源の深さが　ア　km より浅い地震の分布は　イ　ており，その多くは　ウ　付近で起こっている。地震の分布と火山の分布は一致しているものもあるが，ハワイのような　エ　型の火山は地震の分布とは一致しない。

語群：10　100　1000　点状に分布し　帯状に連なって
　　　　プレート境界　盾状地　大陸中央部　海嶺
　　　　ホットスポット　カルデラ

- - - - - - - - - - - - - - - - - - - -

解答　ア：100　イ：帯状に連なって　ウ：プレート境界
　　　　エ：ホットスポット

解説　浅い地震は，海嶺・海溝・ヒマラヤ山脈などさまざまなタイプのプレート境界で起きていて，帯状に連なっている。一方，深い地震は，環太平洋のプレート沈み込み帯に集中している。プレート境界の一種であるプレートの沈み込み帯では火山活動も活発である。ホットスポット型の火山噴火のメカニズムはプレートテクトニクスのメカニズムと直接関係ない。実際，ハワイ諸島は太平洋プレートの中央付近にある。

:) SUMMARY & CHECK

☑ 地震の多くはプレート境界付近で起こる

☑ <u>プレート境界地震</u>：海洋プレートと大陸プレートの境界で起こる

☑ <u>内陸地殻内地震</u>：大陸プレート内部の上部地殻で起こる

☑ <u>海洋プレート内地震</u>：海洋プレート内で起こる。<u>深発地震</u>は主にこれ

火山活動が起きる場所

🏛 **GUIDANCE**　地球誕生時は，現在に比べてはるかに高温であった。当時の熱は，いまでも地球の内部に残り，地表から宇宙へと放出されている。一方，目には見えないが，岩石に含まれる放射性元素が放射性崩壊という現象を起こす際にも莫大な熱が出る。地球内部は文字通り熱いのである。

POINT **1**　火山の分布

　高温でとけた状態の岩石を<u>マグマ</u>といい，マグマが地表に流れ出ることで形成されるのが<u>火山</u>である。マグマは主にマントル中や地殻下部で発生するが，どこにでも発生するわけではないので，火山が存在する場所は限られている。地球上の火山は，海嶺や地溝帯といった発散境界（→ p. 32）や，収束境界（→ p. 33）のうちプレートが沈み込む部分（沈み込み帯），ホットスポット（→ p. 28）に分布している（図1）。

図1　世界の主な火山の分布

海嶺には，玄武岩質マグマを噴出する火山が列をなして分布する。海嶺の下では高温のマントル物質が湧き上がってきており，これがマグマとなって海底に噴出する（図2）。噴出した溶岩[1]は海水で急冷されるため，枕や俵を積み重ねたような形となる。こうしてできた溶岩は<u>枕状溶岩</u>とよばれる。枕状溶岩の存在は，マグマが水中に噴出した証拠だといえる。

アフリカ大地溝帯や，大西洋中央海嶺上にあるアイスランドでは，火山活動が盛んである。

[1] マグマが地上に流れ出たものを溶岩とよぶ。また，マグマが冷えて固まった岩石も溶岩とよばれる。

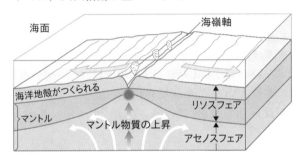

図2　海嶺での火山活動
海嶺軸では，プレートが両側に広がったすき間を埋めるように，絶えずマグマが上昇している。

日本列島は，プレートの沈み込み帯にできた島弧であり，火山活動が活発である。

右の図3に示すように，日本列島の火山は海溝とほぼ平行に帯状に並んでいる。この火山が並んでいる地域を<u>火山帯</u>という。また，火山帯の中で最も海溝側にある火山を結んだ線を<u>火山前線（火山フロント）</u>という。火山は，火山前線の海溝側とは反対側に密集している。

図3　日本の火山の分布
気象庁では，おおむね過去1万年以内に噴火した火山および現在活発な噴気活動のある火山を<u>活火山</u>と定義している。

右の図4は，プレートの沈み込み帯での火山活動を模式的に示したものである。海溝やトラフから沈み込んだ海洋プレートが大陸プレート下のアセノスフェアに水を供給し，マントルが部分的にとけることでマグマが発生する。マグマは液体なので移動しやすく，周囲の岩石よりも低密度であるため，浮力によって上昇する。上昇したマグマは地下数 km

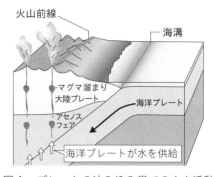

図4　プレートの沈み込み帯での火山活動

のところで周囲の岩石の密度と等しくなり，上昇を停止し，マグマ溜まりをつくる。マグマにはガス成分（揮発性成分）が含まれているが，ガス成分の圧力が高くなると岩石を破壊してマグマの通り道をつくり，マグマ溜まり内の圧力が一気に下がるとマグマが噴出し，火山をつくる。ペットボトルに入った炭酸飲料の蓋を開けたときに突然吹き出す現象と同様である。

EXERCISE 22

　プレートの沈み込み帯やその付近について述べた次の文のうち，正しいものに○を，誤っているものに×を付けよ。
① 海溝やトラフのような地形が発達する。
② 浅い地震・深い地震ともに活発に起きている。
③ 海溝と火山前線の間に活火山が点在する。
④ 島弧の下ではマグマが発生する。

‥‥‥‥‥‥‥‥‥‥‥‥‥‥‥‥‥‥‥‥‥‥‥‥‥‥‥‥‥‥‥‥‥‥‥

解答　①：○　②：○　③：×　④：○

解説　プレートの沈み込み帯は，プレートの収束境界のうち，プレートが沈み込む部分である。プレートの沈み込み帯では，火山は列をなしていることが多い。火山前線は，火山帯で最も海溝側に近い火山を結んだ線なので，火山前線と海溝の間には活火山はない。よって，③のみ誤りである。

POINT 4　ホットスポットでの火山活動

　ホットスポットは，プルームの一端がプレートを貫いてマグマとなり噴出しているものである（→ p.28）。ホットスポット上に火山ができた例には，ハワ

イ諸島（図5）や，北アメリカ大陸西部のイエローストーン地域などがある。ホットスポットはほとんど動かないので，固定されたホットスポットの上をプレートが動いていくと，ホットスポット上に新しい火山が次々とつくられる（図6）。ホットスポットから離れた火山はマグマの供給がなくなり，海底の沈降に伴って海山列を形成する。

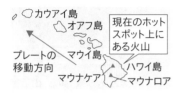

図5　ホットスポットの上にある
　　　ハワイ諸島

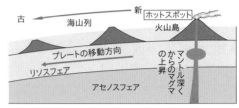

図6　プレートの移動に伴い，ホットスポットの上に火山が次々とつくられる様子

EXERCISE 23

　ホットスポットについて述べた次の文のうち，正しいものに○を，誤っているものに×を付けよ。

① ホットスポットはプレートとともに移動し，海山の列をつくる。
② 日本列島にある火山の大部分は，ホットスポットが起源である。
③ ホットスポットはプレートよりも下にあり，マグマの供給源となっている。

解答　① : ×　② : ×　③ : ○

解説　ホットスポット自体はあまり移動しないと考えられている。また，日本列島にホットスポットはなく，代表的なホットスポットには，ハワイやアイスランド，アメリカ本土のイエローストーンなどがある。ホットスポットはプレートの下にあり，マグマを供給して火山を形成する。形成された火山はプレートの移動とともにホットスポットから離れ，海山となり，海山列を形成する。

☺ SUMMARY & CHECK

☑ 火山が分布する場所：①海嶺・地溝帯　②プレートの沈み込み帯
　　　　　　　　　　　　③ホットスポット

10　火山の噴火と地形

🗼 **GUIDANCE**　日本列島には100を超える火山が存在する。ときには文明を破滅させるような噴火を起こしてきた火山。一方，多くの火山は観光地でもある。また，将来的にはエネルギー源となる可能性も大きい。近づきがたい火山を知ることで，火山の恵みとの共存をはかろう。

POINT 1　火山噴出物

　火山の噴火に伴って地表や大気に放出される物質を<u>火山噴出物</u>という。火山噴出物には溶岩のほかに，<u>火山ガス</u>と<u>火山砕屑物</u>（火砕物）がある（図1）。

　火山ガスはほとんどが水蒸気である。火山や噴火によって成分は異なるが，水蒸気以外では二酸化炭素や二酸化硫黄，硫化水素などが含まれる。

　火山砕屑物は，溶岩や火口付近の岩石が噴火の衝撃で砕かれてできたものである。火山砕屑物には，火山灰・火山礫・火山岩塊や，軽石・スコリア，火山弾などがある。

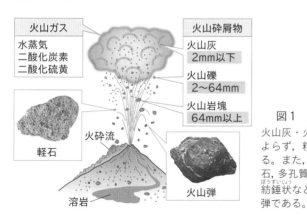

図1　火山ガスと火山砕屑物

火山灰・火山礫・火山岩塊は，形状によらず，粒の大きさによって分類される。また，多孔質で白っぽいものが軽石，多孔質で黒っぽいものがスコリア，紡錘状など特有の外形を示すのが火山弾である。

　高温の火山ガスと火山砕屑物が入り混じり，地表を流れるものを<u>火砕流</u>という。火砕流には時速100kmを超える高速で流れるものがある。

EXERCISE 24

　火山について述べた次の文のうち，正しいものに○を，誤っているものに×を付けよ。

① 火山灰が分布するのは，火口から100km以内に限られる。

② 同じ火口から，溶岩と火山ガスが同時に放出されることはない。

③ 一般に，火山ガスの大部分は水蒸気である。

④ 火砕流の流れる速度は，最高でも時速10km程度である。

解答 ①：× ②：× ③：○ ④：×

解説 火山灰は上空の風の影響を受ける。日本列島付近では，偏西風(→ p. 104)の影響で東へ流されやすい。細粒の火山灰は地球を周回し，何か月も落下しないものもあり，気候に影響を与えることがある。火口からは，同時に溶岩・火山砕屑物・火山ガスが放出される。火山ガスの大部分は水蒸気であるが，二酸化炭素や二酸化硫黄，硫化水素などが含まれることがあり，火山ごと・噴火ごとで異なる。火砕流は時速100kmにも達することがある。

POINT 2 マグマの性質

　マグマは粘性の低い方から順に，玄武岩質マグマ・安山岩質マグマ・デイサイト質マグマ・流紋岩質マグマに分けられる。マグマは温度が高いほど粘性が低い。また，二酸化ケイ素（SiO_2）を多く含むマグマほど粘性が高い。粘性が低いマグマほど，噴出した後はより高速に遠くまで流れる溶岩となる。

　マグマの中には揮発性成分，すなわち気体となる物質が溶けている。地下深くの高圧下では，炭酸ジュースに炭酸が溶け込んでいるようにガスがマグマに溶けているが，マグマが浅部まで上昇してくると圧力低下に伴って揮発性成分が発泡する。粘性が高いマグマほど揮発性成分をマグマ中に溜め込みやすく，いったん発泡すると爆発的な噴火を引き起こしやすい。

　マグマの性質の違いは，火山の形にも影響を及ぼす。p. 61の表1は，マグマの性質と噴火の様子，火山の形の関係をまとめたものである。

表1　マグマの性質と噴火の様子，火山の形

この表はあくまでも傾向を表すものである。

マグマの種類	玄武岩質	安山岩質	デイサイト質	流紋岩質
マグマの粘性	低い ←		→	高い
マグマの温度	高い ←		→	低い
マグマに含まれる SiO_2 の量	少ない ←		→	多い
マグマに含まれるガスの量	少ない ←		→	多い
噴火の様子	穏やか ←		→	激しい
火山の形（左側ほど水平方向に大きい傾向がある）	溶岩台地　盾状火山	成層火山 火砕丘		溶岩ドーム

EXERCISE 25

次のア～エに入る語句を後の**語群**から選んで答えよ。

火山噴火のもとになる　ア　は，地下深くのアセノスフェアで岩石がとけてできたものである。　イ　によって上昇した　ア　は地表付近で一時的に止まり，　ウ　をつくる。　ア　中のガスが　エ　することで噴火が起きる。

語群：マントル　プルーム　マグマ　マグマ溜まり

　　　　潮汐力　摩擦力　浮力　大規模に発泡　急に減少

解答　ア：マグマ　イ：浮力　ウ：マグマ溜まり　エ：大規模に発泡

解説　岩石がとけてできたばかりのマグマは，周囲の岩石よりも低密度である。したがって，浮力によって上昇する。上昇するにつれて周囲の岩石の密度は小さくなるため，マグマがある程度上昇してマグマの密度が周囲と等しくなると，上昇は停止しマグマ溜まりを形成する。マグマ溜まりにおいてそのまま固結することもあるが，発泡した揮発性成分がマグマの熱で急に膨張して噴火することがある。

POINT 3 火山の形

　ここでは，マグマの性質の違いによってできるさまざまな形の火山を紹介しよう。

　粘性の低い玄武岩質マグマが噴出すると，<u>溶岩台地</u>や<u>盾状火山</u>をつくる（図2）。インドのデカン高原は溶岩台地で，その面積は日本列島の面積よりも広い。溶岩台地が広大で平坦な形をしているのに対し，マグマが繰り返し噴出した結果，西洋の盾を伏せたような形になっているのが盾状火山である。盾状火山には，ハワイのマウナロア山やマウナケア山などがある。

図2　溶岩台地（左）と盾状火山（右）

　安山岩質マグマはしばしば激しく噴火し，火口からは高く噴煙を上げ，溶岩が流出する。噴火が繰り返されると溶岩や火山砕屑物が何重にも重なって，円錐型の<u>成層火山</u>をつくる（図3）。ただし，成

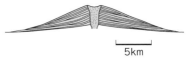

図3　成層火山
日本には成層火山が多い。

層火山のすべてが安山岩質マグマによるものではなく，玄武岩質マグマやデイサイト質マグマの噴火による成層火山もあることに注意しよう。実際，富士山は代表的な成層火山だが，大部分は玄武岩質マグマの噴火によってできている。

　成層火山の中心付近には<u>カルデラ</u>とよばれる巨大な凹地ができることがある。カルデラは，マグマ溜まりから大量にマグマが抜けた結果，陥没してできたものである。熊本県の阿蘇山は火砕流を伴う噴火によって巨大なカルデラを形成している。また，阿蘇山のまわりには火砕流が残した堆積物からなる広大な平坦面があり，こうした地形を火砕流台地という。

　火山砕屑物が火口のまわりに円錐状に積み重なってできる丘を<u>火砕丘</u>という（図4）。火砕丘の例には，静岡県・伊豆半島の大室山（おおむろやま）などがある。

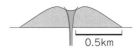

図4　火砕丘
成層火山に比べると規模が小さい。

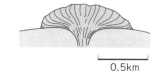

デイサイト質マグマや流紋岩質マグマは，激しい噴火を起こしやすい。粘性が高いために溶岩が盛り上がり，<u>溶岩ドーム</u>（溶岩円頂丘）をつくることがある（図5）。1940年代に北海道に現れた昭和新山は，溶岩ドームの代表例である。

0.5km

図5 溶岩ドーム
火砕丘と同様，比較的規模が小さい。

EXERCISE 26

次の模式図で示した火山 A，火山 B について，下の文章のア〜キに入る語句または数値を後の**語群**から選んで答えよ。

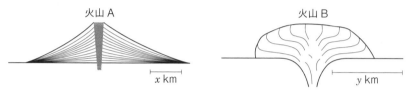

火山A
火山B
x km
y km

火山Aを ア ，火山Bを イ という。日本列島の火山は，A・Bのうちの ウ が多い。火山 A において x は エ 程度，火山 B において y は オ 程度である。火山の斜面では，軽石やスコリアといった カ な岩石が多数見つかる。これらは， キ できたものである。

語群：盾状火山 成層火山 カルデラ 溶岩ドーム A B

0.5 5 50 多孔質 かんらん岩質 ガラス質

火山ガスが抜けて 風化作用によって 続成作用によって

[解答] ア：成層火山 イ：溶岩ドーム ウ：A エ：5 オ：0.5

カ：多孔質 キ：火山ガスが抜けて

[解説] 成層火山は日本で最も多いタイプの火山で，複数回にわたる噴火で火砕物や溶岩が幾重にも重なって形成される。溶岩ドーム（溶岩円頂丘）は粘性の高い溶岩が形成する火山地形で，日本では昭和新山や雲仙岳（雲仙普賢岳）などに見られる。溶岩台地や盾状火山に比べて成層火山は小さい。溶岩ドームはさらに小さい。軽石やスコリアの内部には，蒸しパンのように，内部からガスが抜けてできた多孔質な構造が見られる。

　一回の(一連の)噴火活動でできた火山を単成火山，休止期間を挟んで長期に渡ってできた火山を複成火山という。火砕丘や溶岩ドームは単成火山であることが多く，他の火山は複成火山であることが多い。

SUMMARY & CHECK

☑ 火山噴出物：溶岩，火山ガス，火山砕屑物

☑ マグマの粘性は温度が低いほど高く，二酸化ケイ素(SiO_2)を多く含むほど高い

☑ マグマの粘性と火山の形
　粘性が低い……盾状火山
　粘性が中程度…成層火山
　粘性が高い……溶岩ドーム

THEME 11　火成岩

GUIDANCE　岩石や鉱物を簡単な化学式で扱うことはできない。これは，岩石・鉱物がさまざまな物質が集まった混合物であることが大きな原因となっている。物質によって融点が異なることが，一つのマグマから多種多様な岩石・鉱物をつくり出すことにつながっている。岩石・鉱物の世界を覗いてみよう。

POINT 1　火成岩ができる場所

　マグマが固まってできた岩石を<u>火成岩</u>という。火成岩のうち，地表や地下の浅い所で急に冷えて固まったものを<u>火山岩</u>といい，地下の深い所でゆっくり冷えて固まったものを<u>深成岩</u>という。

　火成岩は，マグマが地表に噴出して固まってできる場合と，貫入したマグマが固まってできる場合がある。地表に噴出して固まった岩石を溶岩といい，貫入したマグマが固まってできた岩石を貫入岩体という。貫入岩体のうち，地層に対して平行な形状のものは<u>岩床</u>，地層を横切る形状のものは<u>岩脈</u>とよばれる。また，地下深くでできた，花こう岩からなる大規模な貫入岩体は<u>底盤</u>（バソリス）とよばれる（図1）。

1 マグマが地下深くから地殻の割れ目に入り込んで上昇することを貫入という。

2 火成岩などがある程度まとまって存在するものを岩体とよぶことがある。

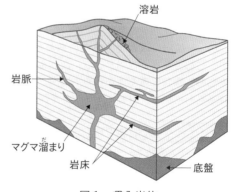

図1　貫入岩体

　マグマが地表に噴出して固まってできる火成岩や，地表付近で急速に冷えて固まって形成された岩床や岩脈は，火山岩となる。一方，地下の深い所でゆっくり冷えて固まった岩床や岩脈，底盤は，深成岩となる。

POINT 2　火成岩の造岩鉱物

　火成岩に限らず，岩石は主に鉱物が集まってできている。鉱物の多くは，原子が規則正しく並んでできた結晶である。

　岩石をつくる鉱物を<u>造岩鉱物</u>という。火成岩を構成する大部分の造岩鉱物は，ケイ素 Si と酸素 O を主成分とした<u>ケイ酸塩鉱物</u>である。ケイ酸塩鉱物は，右の図2のような SiO_4 四面体を基本構造としている。この四面体が鎖状または網状につながったり，その間に他の元素が加わったりするなどして，さまざまな種類の鉱物ができている。

　造岩鉱物は，鉄 Fe やマグネシウム Mg を含む<u>有色鉱物</u>[3]と，含まない<u>無色鉱物</u>[4]に大別できる。有色鉱物は色が濃くて黒っぽく，かんらん石や輝石，角閃石，黒雲母が代表例である。一方，無色鉱物は色が淡くて白っぽく，斜長石やカリ長石，石英が代表例である。一般に，有色鉱物の方が無色鉱物よりも高密度である。

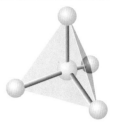

図2　SiO_4 四面体の基本構造
酸素原子4個を頂点とした四面体の中心に，ケイ素原子1個が位置する。

[3]有色鉱物を苦鉄質鉱物とよぶこともある。苦鉄質の「苦」は，マグネシウムを意味する。

[4]無色鉱物をケイ長質鉱物とよぶこともある。ケイ長質の「ケイ」はケイ酸塩鉱物，「長」は長石を意味する。

＋PLUS　へき開

　鉱物には特定の方向に割れやすい性質をもつものがあり，この性質をへき開という。たとえば黒雲母は1方向にへき開をもち，層状に薄くはがれやすい。この現象は，黒雲母が層状の構造をしていて，層どうしの結合が弱いことによるものである。

POINT 3　火成岩の組織

　マグマの温度が下がると鉱物が結晶化する。火山岩は地表や地下浅いところでマグマが急に冷えて固まったものなので，結晶が大きく成長できない。このため火山岩は，マグマ溜まりの中ですでにできていた比較的大きな結晶（<u>斑晶</u>）と微細な結晶やガラスからなる部分（<u>石基</u>）からできている。火山岩がもつこのような組織を<u>斑状組織</u>という（p. 67図3）。一方，深成岩はマグマがゆっくり冷えて固まったものなので，鉱物が大きく成長でき，大きさがほぼ揃った結晶の集合体ができる。深成岩がもつこのような組織を<u>等粒状組織</u>という（p. 67図4）。

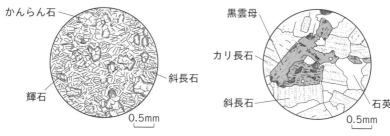

かんらん石
斜長石
輝石
0.5mm

図３　斑状組織
火山岩（玄武岩）を示す。

黒雲母
カリ長石
斜長石
石英
0.5mm

図４　等粒状組織
深成岩（花こう岩）を示す。

POINT 4　火成岩の分類

火成岩は，有色鉱物の占める割合が高いものから順に，苦鉄質岩，中間質岩，ケイ長質岩と分類される。下の図５に示すように，火山岩のうち，玄武岩は苦鉄質岩，安山岩は中間質岩，デイサイトや流紋岩はケイ長質岩である。また，深成岩のうち，斑れい岩は苦鉄質岩，閃緑岩は中間質岩，花こう岩はケイ長質岩である。

火成岩に占める有色鉱物の割合を体積％で表したものを色指数といい，色指数が大きいほど岩石の色は黒っぽい傾向にある。しかし，火成岩を色調から分類することは難しい。たとえば，サヌカイトという岩石はガラス質を多く含むため真っ黒に見えるが，安山岩である。現在，火成岩の分類には，色指数よりも二酸化ケイ素 SiO_2 を含む量を基準とすることが多い。

SiO_2の量〔質量%〕	約45%	約52%	約63(66)%	
色指数	約70	約35	約10	
岩石の種類	超苦鉄質岩	苦鉄質岩	中間質岩	ケイ長質岩
火山岩		玄武岩	安山岩	デイサイト・流紋岩
深成岩	かんらん岩	斑れい岩	閃緑岩	花こう岩

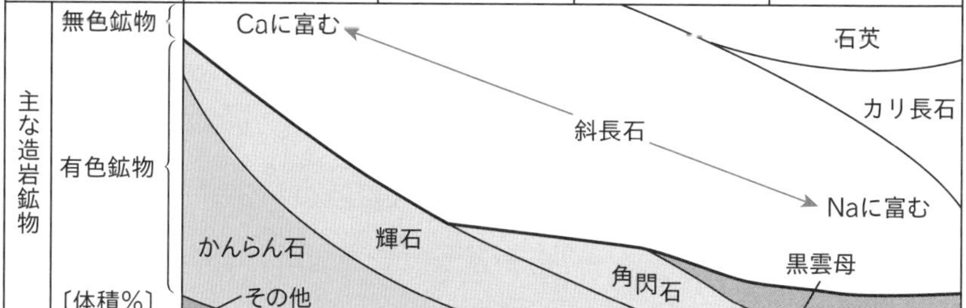

主な造岩鉱物
無色鉱物
有色鉱物
〔体積%〕
Caに富む
石英
カリ長石
斜長石
Naに富む
かんらん石
輝石
角閃石
黒雲母
その他

図５　火成岩の分類

POINT 5 自形と多形

マグマに含まれるさまざまな鉱物は，融点が高い順に結晶化する。最初に結晶化した鉱物は自由に成長できるので，その鉱物本来の形を示す（図6）。この形を<u>自形</u>という。一方，後から結晶化した鉱物は，先にできた結晶のすき間を埋めるように成長するので，本来の形ではない不規則な形を示す。この形を<u>他形</u>という。他形は"多形"ではないことに気を付けよう。

図6 自形と他形

EXERCISE 27

2種類の火成岩X，Yの薄片（岩石を薄くカットしたもの）をつくり，偏光顕微鏡で観察した。次の図1〜3について，下の文章のア〜カに入る語句または数値を後の**語群**から選んで答えよ。

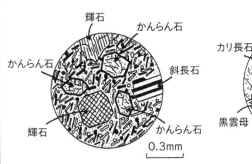

図1 火成岩Xの薄片スケッチ

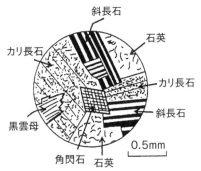

図2 火成岩Yの薄片スケッチ

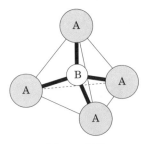

図3 四面体

68

　　図1に見られるような組織は，マグマが　ア　てできたものである。図1中に見られる輝石の結晶を　イ　，その周囲に見られる微細な結晶やガラスからなる部分を　ウ　という。図2に見られる鉱物のうち，有色鉱物は　エ　種類ある。図1・図2のような火成岩を構成する主要な鉱物は，図3のような骨格を基本にもつ。図3のAで表された元素は　オ　，Bで表された元素は　カ　である。

　　語群：急に冷え　ゆっくり冷え　風化し　石基　斑晶　粒状斑

　　　　　　1　　2　　3　　酸素　鉄　ケイ素　マグネシウム

解答　ア：急に冷え　イ：斑晶　ウ：石基　エ：2　オ：酸素　カ：ケイ素

解説　結晶は，時間をかけて成長すると大きくなる。マグマが冷えて固まる際，すべての鉱物が同時に結晶化するのではない。これは，鉱物ごとに融点(凝固点)が異なるためである。マグマ溜まりである程度時間をかけて成長した鉱物は大きくなり，図1中の斑晶として観察される。小さい結晶やガラスは，マグマが地表付近で急激に冷える際にできたもので，石基という。鉄やマグネシウムの酸化物を含み色が濃い鉱物を有色鉱物という。図2中では黒雲母と角閃石の2種類が有色鉱物である。図3は SiO_4 四面体を表しており，4個の酸素原子が正四面体の頂点，1個のケイ素原子が正四面体の中心にある。

:) **SUMMARY & CHECK**

☑ 火成岩：マグマが冷えて固まった岩石。次の2つに分けられる

　　火山岩：地表や地下の浅い所で急に冷えて固まったもの→斑状組織

　　深成岩：地下の深い所でゆっくり冷えて固まったもの→等粒状組織

☑ 火成岩の造岩鉱物：ケイ素 Si と酸素 O が主成分。次の2つに分けられる

　　有色鉱物：鉄 Fe やマグネシウム Mg を含み，色が黒っぽい。
　　　　　　　かんらん石，輝石，角閃石，黒雲母など

　　無色鉱物：鉄 Fe やマグネシウム Mg を含まず，色が白っぽい。
　　　　　　　斜長石，カリ長石，石英など

☑ 火成岩の大まかな分類

	苦鉄質岩	中間質岩	ケイ長質岩
火山岩	玄武岩	安山岩	デイサイト，流紋岩
深成岩	斑れい岩	閃緑岩	花こう岩

チャレンジテスト(大学入学共通テスト実戦演習) 1

→ 解答は別冊 p. 4

1

地球の形と構造に関する次の問い(**問 1**・**問 2**)に答えよ。

問 1　高校生のSさんは，文化祭で展示するために，赤道の直径1.3mの大きな地球儀を，偏平率まで考慮してつくろうとした。地球を偏平率約$\frac{1}{300}$の回転楕円体とすると，赤道半径に比べて，極半径をどのようにすればよいか。最も適当なものを，次の①～④のうちから一つ選べ。

①　約2mm短くする　　②　約2mm長くする
③　約2cm短くする　　④　約2cm長くする

問 2　プレート境界について述べた次の文a・bの正誤の組合せとして最も適当なものを，下の①～④のうちから一つ選べ。

a　発散する境界(発散境界)は，海底にも陸上にも存在する。
b　収束する境界(収束境界)は，陸上には存在しない。

	a	b
①	正	正
②	正	誤
③	誤	正
④	誤	誤

2 地球の活動に関する次の問い（**問1・問2**）に答えよ。

問1 プレート境界で起こる現象について述べた文として最も適当なものを，次の①〜④のうちから一つ選べ。

① 中央海嶺では，噴出した流紋岩質溶岩が冷えて固まり，新しい海洋地殻がつくられる。

② 沈み込み帯では，海溝から火山前線（火山フロント）までの間に多数の火山が分布する。

③ 震源の深さが100kmより深い地震のほとんどは，トランスフォーム断層で起こる。

④ 海溝沿いで規模の大きな地震が繰り返し発生するのは，海洋プレートの沈み込みが原因である。

問2 一つの地震で放出されるエネルギーは，地震の規模（マグニチュード）とともに大きくなる。一方，マグニチュードが大きい地震ほど数が少ない。次の図1は，マグニチュードと地震の数の関係を示している。マグニチュード5.3の全地震で放出されたエネルギーの総和は，マグニチュード4.3の全地震で放出されたエネルギーの総和の約何倍か。最も適当なものを，後の①〜④のうちから一つ選べ。

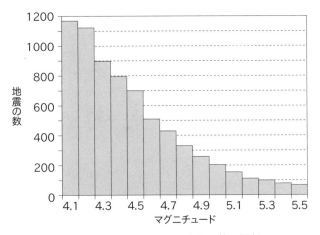

図1　マグニチュードと地震の数の関係

2000年から2016年までに日本周辺で発生した震源の深さが30kmより浅い地震。

① 約0.1倍　　② 約3.6倍　　③ 約32倍　　④ 約288倍

3 岩石に関する次の問い(**問 1 ～ 3**)に答えよ。

問 1 高校生の S さんは,次の方法 a ～ c を用いて,花こう岩と石灰岩,チャート,斑れい岩の 4 つの岩石標本を特定する課題に取り組んだ。下の図 2 は,その手順を模式的に示したものである。図 2 中の ア ～ ウ に入れる方法 a ～ c の組合せとして最も適当なものを,後の①～⑥のうちから一つ選べ。

＜方法＞
a　希塩酸をかけて,発泡が見られるかどうかを確認する。
b　ルーペを使って,粗粒の長石が観察できるかどうかを確認する。
c　質量と体積を測定して,密度の大きさを比較する。

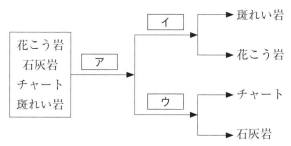

図2　4つの岩石標本の特定の手順

	ア	イ	ウ
①	a	b	c
②	a	c	b
③	b	a	c
④	b	c	a
⑤	c	a	b
⑥	c	b	a

問2 次の文章中の エ ・ オ に入れる語句の組合せとして最も適当な
ものを，後の①〜④のうちから一つ選べ。

　枕状溶岩は，マグマが水中に噴出すると形成される。次の図3は，積み重
なった枕状溶岩の断面が見える露頭をスケッチしたものである。マグマの表
面が水に直接触れたため，右の拡大した図中で，表面に近い部分aは，内部
の部分bよりも冷却速度が エ と予想できる。冷却速度の違いは，部分
aの方が部分bより石基の鉱物が オ ことから確かめられる。

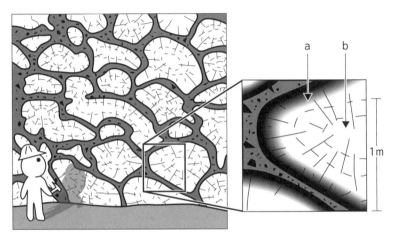

図3　積み重なった枕状溶岩の断面が見える露頭とその一部を拡大したス
　　　ケッチ

	エ	オ
①	速い	粗い
②	速い	細かい
③	遅い	粗い
④	遅い	細かい

問 3 溶岩X～Zの性質(岩質，温度，粘度)について調べたところ，次の表1の結果が得られた。表1中の粘度〔Pa・s〕の値が大きいほど，溶岩の粘性は高い。この表に基づいて，「SiO_2含有量が多い溶岩ほど，粘性は高い」と予想した。この予想をより確かなものにするには，表1の溶岩に加えて，どのような溶岩を調べるとよいか。その溶岩として最も適当なものを，後の①〜④のうちから一つ選べ。

表1　溶岩X～Zの性質

	岩質	温度〔℃〕	粘度〔Pa・s〕
溶岩X	玄武岩質	1100	1×10^2
溶岩Y	デイサイト質	1000	1×10^8
溶岩Z	玄武岩質	1000	1×10^5

① 1050℃の玄武岩質の溶岩　　② 1000℃の安山岩質の溶岩
③ 950℃の玄武岩質の溶岩　　④ 900℃の安山岩質の溶岩

4 地球の活動に関する次の問い(**問1・問2**)に答えよ。

問 1 地震について述べた文として最も適当なものを，次の①〜④のうちから一つ選べ。

① プレートは固いのでプレート内部では地震は発生しない。
② 一つの地震では震源に近いほどマグニチュードは大きくなる。
③ 緊急地震速報は地震の発生を直前に予測して発表している。
④ 震源が近いほど初期微動継続時間は短くなる。

問 2 プレートテクトニクスの考え方によって説明されることがらとして**適当でないもの**を，次の①〜④のうちから一つ選べ。

① アイスランドにはギャオとよばれる大地の裂け目がある。
② ヒマラヤ山脈やアルプス山脈のような大山脈が存在する。
③ 日本列島のような島弧では地震や火山の活動が活発である。
④ ハワイ島のようなホットスポットが形成される。

5 変成作用に関する次の問い(**問1**)に答えよ。

問1 変成作用およびそれによって生じる岩石について述べた文として,**誤っているもの**を,次の①～④のうちから一つ選べ。

① 片岩では,変成鉱物が一方向に配列した組織が見られ,面状にはがれやすい。

② 接触変成作用は,マグマとの接触部から幅数十～数百 km にわたって起こる。

③ 片麻岩は鉱物が粗粒で,白と黒の縞模様が特徴である。

④ ホルンフェルスは硬くて緻密である。

6 地球の構造と活動に関する次の問い(**問1～3**)に答えよ。

問1 地球内部の構造について述べた文として最も適当なものを,次の①～④のうちから一つ選べ。

① 地殻の厚さは,海洋地域の方が大陸地域よりも厚い。

② アセノスフェアは,主に地殻とマントルの上部から構成される。

③ マントルの上部は,主にかんらん岩質岩石でできている。

④ 核は,固体の外核と液体の内核からなる。

問2 中央海嶺やプレートについて述べた,次の文a・bの正誤の組合せとして最も適当なものを,下の①～④のうちから一つ選べ。

a 海洋プレートは中央海嶺で生まれ,そこから離れると厚くなる。

b 中央海嶺では,火山活動は活発だが,地震活動は見られない。

	a	b
①	正	正
②	正	誤
③	誤	正
④	誤	誤

問3　ある日，次の図4の震源（地表付近）で地震が発生し，観測点Xに設置された地震計にP波が到達してから4秒後に緊急地震速報が出された。図4に示す地点A〜Dの中で，S波が到達する前に緊急地震速報を受信した地点の組合せとして最も適当なものを，次ページの①〜④のうちから一つ選べ。ただし，地下構造は均質であり，震源距離と地震発生からP波・S波到達までの時間との関係は，次ページの図5に示す通りである。また，緊急地震速報は発信と同時に各地点で受信されるものとする。

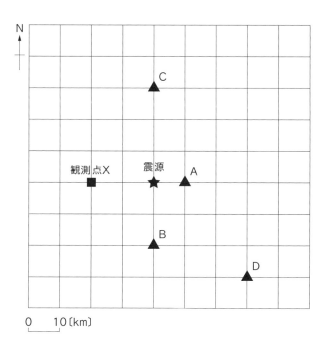

図4　震源，観測点X，および地点A〜Dの位置

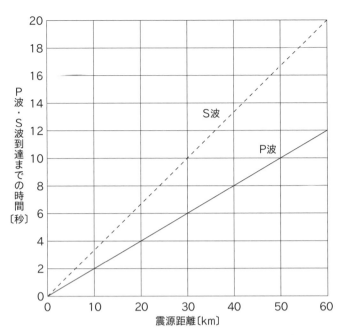

図5　震源距離と地震発生からP波・S波到達までの時間との
　　　関係

	地点
①	A，B，C，D
②	B，C，D
③	C，D
④	D

7 　地球の形状と活動に関する次の問い（**問 1〜3**）に答えよ。

問 1　地球が球形であることは，いくつかの経験的事実から知られる。その例として**適当でないもの**を，次の①〜④のうちから一つ選べ。

① 　月食のときに月に映る地球の影が円形である。
② 　船で沖合から陸地に向かうと，高い山の山頂から見えてくる。
③ 　北極星の高度が北から南へ行くほど低くなる。
④ 　岬の先端から海を見渡すと，水平線が丸く見える。

問 2　次の図 6 は，ある地点に設置された地震計の記録である。この地域におけるP波およびS波の伝わる速さは，それぞれ 5 km/s，3 km/s である。震源から観測点までの距離は何 km か。最も適当なものを，後の①〜④のうちから一つ選べ。

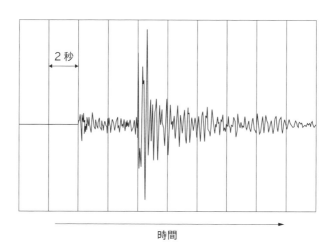

時間

図6　ある地点に設置された地震計の記録

① 　10 km　　② 　18 km　　③ 　24 km　　④ 　30 km

問3 ハワイ諸島は，プレート運動と特徴的な火山活動によって形成されたと考えられている。代表的な島A〜Dの形成年代を，それぞれ約40万年前（A），約130万年前（B），約370万年前（C），約510万年前（D）であるとする。現在における島A〜Dのおおよその配置を示した図として最も適当なものを，次の①〜④のうちから一つ選べ。ただし，プレートは一定の速さでほぼ西北西の方向に移動しているものとする。

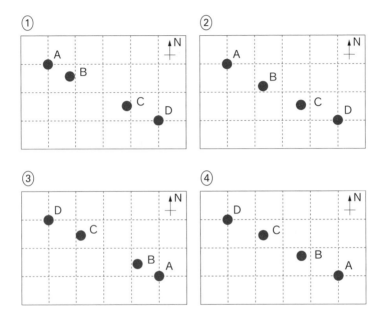

12 地球の大気

GUIDANCE　大気に色は付いてない。風が吹き，雲が流れる，いつもの空。私たちが見上げる空は，地球誕生以降絶えず変化してきた。その結果，他の惑星の大気とは全く異なるものとなった。まずは，現在の大気の性質を知ろう。

POINT 1　地球の大気の組成

現在の地球の大気は，水蒸気を除くと，窒素，酸素，アルゴンなどからなる混合気体である（図1）。環境問題でしばしば話題に挙がる二酸化炭素は，大気中ではわずか0.04%を占めるに過ぎない。大気の組成は，水蒸気を除くと高度約80kmまではほぼ一定であり，大気がよく混合されていることがわかる。

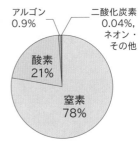

図1　大気の組成
（体積%）
水蒸気を除いた組成を示す。水蒸気は大気に0～4%含まれるが，場所や季節によって変動が大きい。

POINT 2　大気圧

圧力とは，面を垂直に押す力の単位面積あたりの大きさである。大気にも重さがあり，大気の重さによる圧力を<u>大気圧</u>という。大気圧は，観測点の高度などによって変化する。大気圧はさまざまな単位で表されるが，地表ではおおむね次の値を示す。

　1気圧（atm）≒1013hPa

hPaはヘクトパスカルと読む。天気ニュースでもおなじみではないだろうか。

大気圧を最初に測定したのは，イタリアの物理学者トリチェリだった。トリチェリが大気圧を測定した実験装置を，次ページの図2に示す。

<u>水銀柱約760mmの重さは，水柱にすると約10mの重さと等しい。</u>[1]つまり，この実験を水銀ではなく水で行う場合，高さ10m以上のガラス管が必要になる。

[1]水銀の密度は水の約13.5倍 な の で，水銀柱約760mmと重さが等しくなる水柱の高さは，760×13.5=10260mm≒10mとなる。

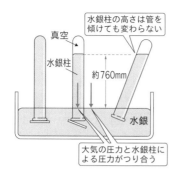

図2　トリチェリの真空実験装置

1643年，イタリアのトリチェリは，水銀を満たしたガラス管を水銀溜めに対して倒立させる実験を行った。この結果，ガラス管の水銀は水銀溜めの表面から約760mmの高さで下げ止まった。このことから，水銀柱約760mmの重さによる圧力と，大気圧がつり合うことが示された。

PLUS　mmHg（水銀柱ミリメートル）

圧力の単位の一つに mmHg がある。これは，トリチェリの実験で水銀柱の高さ何 mm 分に相当するかを表すものである。単位に付く Hg は，水銀の元素記号に由来する。1気圧では水銀柱の高さが 760mm になることから，1気圧≒760mmHg となる。なお，mmHg は世界標準の単位をまとめた国際単位系（SI）には含まれておらず，現在の日本では血圧以外にはほぼ使われていない。

POINT 3　大気圏の層構造

　地球の大気が広がっている範囲を大気圏という。大気圏では，気圧は上空に向かうほど低くなる。一方，気温は上空に向かうにつれて下降したり上昇したりする。こうした気温の変化をもとに，大気圏は高度が低い方から，対流圏，成層圏，中間圏，熱圏の4つの層に分けられる（図3）。

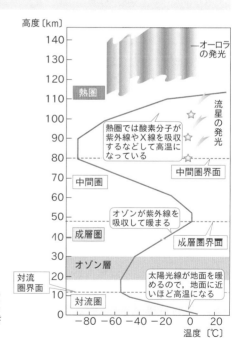

図3　大気圏の構造

高度約500kmまでが大気圏とされるが，地球の大気は上空に向かうほど徐々に薄くなっていくので，厳密に区切ることはできない。

　地表から高度約 10 km までを対流圏という。太陽光が地表を暖め，暖まった地表が大気を暖めるため，対流圏は下層ほど暖まっている。対流圏では，大気の温度は地表から 100 m 離れるごとに 0.65℃ ずつ下がっていく。

　対流圏には水蒸気が多く，雲や降水といった大気現象のほとんどがこの層で起こっている。また，対流圏と成層圏の境界を<u>対流圏界面</u>または単に<u>圏界面</u>という。

EXERCISE 1

　高度による気圧の変化が右図の通りであるとき，標高 2500 m（2.5 km）である山の山頂の気圧は地表（高度 0 km）の約何 % になるか。最も適当なものを，次の①～④のうちから一つ選べ。

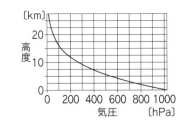

① 55%　　② 65%

③ 75%　　④ 85%

- -

解答　③

解説　図から，高度 2.5 km での気圧は約 750 hPa と読み取れる。地表の気圧は約 1000 hPa なので，$\dfrac{750}{1000} \times 100 = 75\%$ と求めることができる。

POINT **5** 成層圏

　高度約 10～50 km を成層圏という。成層圏では，高度約 10～20 km の気温はほぼ一定だが，約 20 km 以上では上空に向かうほど気温が高くなる。これは，オゾンが太陽からの紫外線を吸収して発熱するためである。なお，高度 20～30 km 付近にオゾン O_3 が多い層（<u>オゾン層</u>）がある。

　オゾン層は，他の地球型惑星（→ p. 129）では見られない地球の特徴の一つである。オゾン O_3 は酸素 O_2 に紫外線が作用してできる（p. 85 図 4）。太陽放射が強いのは低緯度であるため，低緯度の成層圏では紫外線によるオゾンの生成が活発である。ところが，成層圏内での大気の流れによって，生成したオゾンは高緯度地域に運ばれる（p. 85 図 5）。その結果，高緯度地域の方が観測されるオゾンの量は多い。

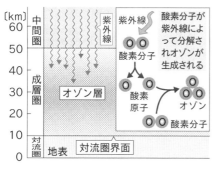

図4　成層圏でのオゾンの生成

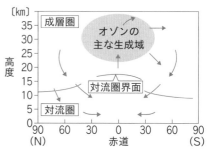

図5　オゾンの生成と運搬
（北半球が夏，南半球が冬
の場合）

オゾンはオゾン層よりも上にも存在し，紫外線がオゾン層に達する前に紫外線を吸収して発熱する。このため，成層圏では成層圏の上端，つまり成層圏と中間圏の境界（成層圏界面）付近で気温が最も高くなる。

EXERCISE 2

次のア～ウに入る語句を後の**語群**から選んで答えよ。

地球大気の成分や温度は，鉛直方向に特徴的な分布を示す。高度　ア　kmにあるオゾン層には，太陽光が　イ　分子に作用して生成するオゾンが多く存在する。太陽光の　ウ　はオゾン層で吸収される。このような層は，他の地球型惑星には見られない。

語群：数　数十　数百　窒素　酸素　二酸化炭素
　　　　フロン　メタン　可視光線　紫外線　赤外線

解答　ア：数十　イ：酸素　ウ：紫外線

解説　地表から宇宙空間に向かって，気温は下降と上昇を繰り返す。このような特徴をもつに至った主な原因の一つはオゾン層である。原始大気中にオゾンは存在せず，オゾンの元になる酸素もほとんど存在しなかった。光合成によって酸素を出す生物が海水中に出現し，酸素が大気にも含まれるようになると，酸素分子が紫外線と反応してオゾンとなり，徐々にオゾン層が形成された。現在，オゾンの90%は成層圏にあり，オゾン層は高度20～30km付近にある。オゾンが紫外線を吸収するときに発熱する影響で，オゾン層では上空に向かうほど気温が高くなる。

POINT 6 中間圏

　高度約50〜80kmを中間圏という。中間圏は対流圏と同様，高度が高くなるにつれ温度は低下する。中間圏の最上端，つまり中間圏と熱圏の境界を<u>中間圏界面</u>といい，この付近で，大気の気温が最も低く（約−100℃）なる。

> **2** 中間圏界面付近には夜光雲とよばれる雲ができることがある。夜光雲は地球上で最も高い高度にできる雲と言われていて，高緯度地域で観測できることがある。

POINT 7 熱圏

　高度約80〜500kmを<u>熱圏</u>という。太陽からのX線や紫外線が熱圏の酸素分子や窒素分子に吸収されて大気を暖めるため，上空ほど気温が高くなる。流星（→ p. 150）は，熱圏で発光し始め，中間圏で消滅することが多い。

> **3** 熱圏より上にある大気圏の範囲を，外気圏とよぶことがある。

　熱圏の高度約100〜200kmで起こる代表的な現象の一つに，<u>オーロラ</u>がある。オーロラは，太陽からやってきた電子などの粒子が，太陽と反対側の宇宙空間にいったん溜まり，これらが地球の<u>磁力線</u>に沿って熱圏に入り，大気の原子や分子に衝突するときに発光する現象である。オーロラは北極や南極の近くの高緯度地域で観測されやすい。

> **4** 地球は大きな磁石になっていて，北極付近にS極，南極付近にN極がある。このため，地球のまわりには南極を出て北極に向かう磁力線が走っている。

PLUS　ラジオゾンデ

　対流圏から成層圏下部の大気を観測する方法として，ラジオゾンデがある。ラジオゾンデは気温や湿度，気圧などを測るさまざまな観測装置であり，これを気球に取り付けて上空に飛ばしている。ラジオゾンデによる観測は世界中で行われており，天気予報だけでなく航空機の運用などにも活用されている。

😊 **SUMMARY & CHECK**

☑ 地球の大気の組成：窒素（78%），酸素（21%），アルゴン（1%）

☑ <u>大気圧</u>：大気の重さによる圧力。地表では1気圧（atm）≒1013hPa

☑ <u>大気圏の層構造</u>：高度が低い順に，<u>対流圏</u>，<u>成層圏</u>，<u>中間圏</u>，<u>熱圏</u>
　　高度が上がるほど温度が低くなる…対流圏と中間圏
　　高度が上がるほど温度が高くなる…成層圏と熱圏
　　成層圏には<u>オゾン層</u>が分布。熱圏では<u>オーロラ</u>が出現

THEME 13 水の状態変化と雲

🏛 **GUIDANCE**　普通の台風一つのエネルギーは，実は，巨大地震一つのエネルギーを凌駕（りょうが）することさえある。そして，火山噴火や爆弾のエネルギーとは比較にならないくらい大きい。そのエネルギーはどこから来るのだろうか。エネルギー源は，実は「水の変化」なのである。

POINT 1 水の状態変化

　地球上の水は，気体（水蒸気），液体（水），固体（氷）のいずれかの状態で存在している（図1）。氷が熱を吸収すると融解して水になり，水が熱を吸収すると蒸発して水蒸気になる。一方，水蒸気が熱を放出すると凝結して水になり，水が熱を放出すると凝固して氷になる。このように，物質の状態変化に伴って出入りする熱を総称して潜熱という。

　対流圏では文字通り空気が対流している。水蒸気を含んだ空気が対流することで，結果的に熱を運ぶことになる。大気中の水によってもたらされるさまざまな気象現象は，ほぼ対流圏で起こると考えてよい。

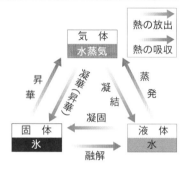

図1　水の状態変化と熱の出入り
氷が融解するときに吸収する熱（融解熱）や，水が蒸発するときに吸収する熱（蒸発熱）は，潜熱の一種である。

POINT 2 水蒸気から雲ができる

　空気が含むことのできる水蒸気の量には上限がある。空気がそれ以上水蒸気を含むことができない状態を飽和といい，空気 $1\,m^3$ が含むことのできる水蒸気の最大量を飽和水蒸気量という。飽和水蒸気量は温度が高いほど大きくなり，温度が低いほど小さくなる。空気の相対湿度（湿度）は，飽和水蒸気量に対するその空気が含む水蒸気量の割合に相当する。

　水蒸気が飽和していない空気の温度を下げていくと，ある温度で水蒸気が飽和する。このときの温度を露点という。露点に達すると，水蒸気でいられなくなった水は，空気中の微粒子を核として凝結・凝華し，水滴や氷晶となる。このときの核を凝結核や氷晶核という。

水蒸気をある程度含んだ空気塊(空気のかたまり)が何らか^{くうきかい}の原因で上昇すると，上空ほど気圧が低くなるため空気塊は膨張し，温度が下がる。この温度が露点以下になると，空気塊に含まれていた水蒸気が凝結・凝華し，水滴や氷晶ができる。この水滴や氷晶が集まってできたものが，雲である。雲は世界気象機関が定めた基準で10種類に分類されるが，このうち雨を降らせるのは積乱雲と乱層雲(→ p. 105)のみである。

■1 空気塊の上昇の原因には，地表が強く熱せられる，風が山の斜面にぶつかるなど，さまざまなものがある。

■2 このときの空気塊は外部と熱のやり取りがない状態で膨張するので，この膨張を断熱膨張という。また，断熱膨張をすることで空気塊のもつエネルギーが失われ，温度が下がる。

EXERCISE 3

　次のア〜ウに入る語句または数値を後の**語群**から選んで答えよ。

　地球の大気に含まれる水蒸気の割合は季節や地域によって大きく異なるが，熱帯では大きい傾向にある。その理由は，熱帯では気温が　ア　いため，飽和水蒸気量が　イ　からである。また，水蒸気を除くと，大気の組成は高度　ウ　km くらいまではほぼ一定である。

　語群：高　低　大きい　小さい　10　80　500

[解答]　ア：高　イ：大きい　ウ：80

[解説]　飽和水蒸気量は気温が高くなるにつれて大きくなるので，気温が高い熱帯では飽和水蒸気量が大きい傾向にある。また，高度約80km まで，つまり地表から中間圏までは，大気の組成はほぼ一定である。

EXERCISE 4

　次のア〜エに入る語句を後の**語群**から選んで答えよ。

　赤道付近など水温の高い海域では，水蒸気を多量に含んだ空気塊が暖められて上昇を開始する。上昇によって空気の温度は　ア　ので飽和水蒸気量が　イ　なり，露点に達すると水蒸気が凝結して雲を形成する。凝結により放出された　ウ　は大気を暖め，空気塊の上昇は　エ　される。

　語群：上がる　下がる　大きく　小さく　顕熱　潜熱　促進　抑制

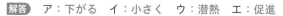

解答　ア：下がる　イ：小さく　ウ：潜熱　エ：促進

解説　上空では，断熱膨張により空気塊の温度は低下する。温度低下に伴って飽和水蒸気量も小さくなるため，水滴ができやすくなり，雲ができる。水滴ができる際，潜熱の一種である凝結熱が放出される。加熱された空気塊は潜熱を得ることで，さらに上昇しやすくなる。

EXERCISE 5

　冬のある日，暖房の効いた部屋Aは温度が20℃，相対湿度が20％であった。部屋Bは同じ温度だったが，相対湿度が50％と心地よく感じた。部屋Bの空気中に含まれる水蒸気量は，部屋Aに比べて何g多いか。小数第一位を四捨五入して整数値で求めよ。ただし，部屋の容積はA，Bともに50 m³であり，20℃での飽和水蒸気量は17 g/m³とする。

解答　255 g

解説　1 m³あたりで考えると，

部屋Aの水蒸気量は，$17 \times \dfrac{20}{100} = 3.4$ gであり，

部屋Bの水蒸気量は，$17 \times \dfrac{50}{100} = 8.5$ gである。

1 m³中の水蒸気量の差は$8.5 - 3.4 = 5.1$ gであるので，部屋50 m³では，$5.1 \times 50 = 255$ g　である。ちなみに，室内で大体の人にとって快適と感じる相対湿度は，40〜50％とされている。

 SUMMARY & CHECK

☑ <u>潜熱</u>：物質が状態変化するときに出入りする熱の総称

☑ <u>飽和水蒸気量</u>：空気1 m³が含むことのできる水蒸気の最大量

☑ 雲の形成：上昇した空気塊が<u>露点</u>以下になり，空気塊に含まれる水蒸気が凝結した水滴や凝華した氷晶が集まってできる

THEME

14 地球のエネルギー収支

GUIDANCE　核融合で生まれた太陽のエネルギーは，電磁波となり惑星たちを暖める。地球に届いた太陽からの電磁波は，大気よりもむしろ地表を暖める。暖まった地表が大気を暖め，大気は動くのである。エネルギーの流れを見てみよう。

POINT 1 太陽放射と地球放射

太陽は，電磁波の形で宇宙空間にエネルギーを放射している。これを太陽放射という。電磁波は波長が短いものから順にγ線，X線，紫外線，可視光線，赤外線，電波などに分類されるが，太陽が放射する電磁波は主に可視光線である。地球の大気の上端で，太陽光線に垂直な $1\,m^2$ の平面が 1 秒間に受け取る太陽放射エネルギーを太陽定数といい，その値は $1370\,W/m^2\,(=1.37\,kW/m^2)$ である。

地球の半径を $R\,[m^2]$ とすれば，地球全体が受け取る太陽放射エネルギーは，半径 $R\,[m^2]$ の円盤全体で受け取るエネルギーに等しく，$1370 \times \pi R^2\,[W]$ である（図1）。これを地球の表面積 $4\pi R^2\,[m^2]$ で分け合うと考えると，地球が単位面積あたりに受け取る太陽放射エネルギーの平均は，

$$\frac{1370 \times \pi R^2}{4\pi R^2} = 1370 \times \frac{1}{4}$$

$$\fallingdotseq 340\,W/m^2$$

となる。

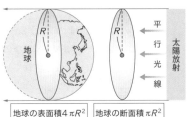

図1　地球が受け取る太陽放射エネルギー

地球も太陽と同様に，電磁波の形で宇宙空間にエネルギーを放射している。これを地球放射という。地球から放射する電磁波は主に赤外線である。

■1 波の隣り合った山から山，または谷から谷の間の距離を波長という。電磁波のエネルギーは，波長が短いほど大きいという性質がある。

■2 この値は，およそ 300 mL の水を 1 秒間に 1℃ 上昇させられるエネルギーに相当する。

■3 赤外線が可視光線よりも波長が長いことから，地球放射を長波放射とよぶことがある。これに対し，太陽放射を短波放射とよぶことがある。

POINT 2　地球のエネルギー収支

地球が受け取る太陽放射エネルギーの量と，地球放射エネルギーの量は等しい。このことを放射平衡という（図2）。地球全体の平均気温がほぼ一定に保たれているのは，放射平衡が成り立っているためである。

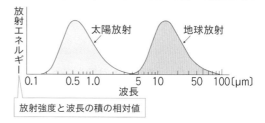

図2　放射平衡

曲線の下の面積は，放射エネルギーの量を表す。横軸の目盛りは等間隔になっていないことに注意する。

下の図3は，地球におけるエネルギーの出入り，すなわち地球のエネルギー収支を表したものである。地球の大気の上端に届いた太陽放射を100とすれば，このうち23は雲や大気に，8は地表に反射され，20は大気や雲に吸収される。したがって，地表に届いて吸収される太陽放射エネルギーは，100－23－8－20＝49となる。

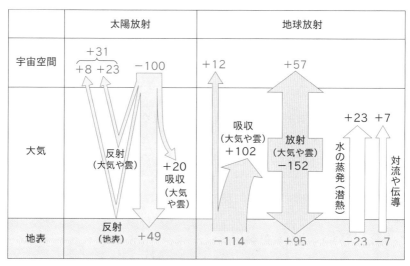

図3　地球のエネルギー収支

地球の大気の上端に届いた太陽放射を100とした場合の値である。また，宇宙空間，大気，地表のそれぞれで受け取るエネルギーを＋（プラス），放出するエネルギーを－（マイナス）で示している。

入射するエネルギーに対する反射するエネルギーの割合を<u>アルベド</u>という。前ページの図3の場合，地球のアルベドは$\frac{23+8}{100}=0.31$（31 %）と求まる。アルベドは地表面の状態によって大きく異なり，たとえば地球において，森林のアルベドは0.1〜0.2，新雪のアルベドは0.8〜0.9程度である。また，月の平均のアルベドは0.07，金星の平均のアルベドは0.78と，天体によっても値が異なる。

　放射平衡が成り立っているとき，地球の大気の上端に届いた太陽放射を100とすれば，大気や地表から宇宙空間に放出される地球放射も100となる。さらに，宇宙空間，大気，地表のそれぞれでも，受け取るエネルギーと放出されるエネルギーがつり合っていることを確かめよう。

宇宙空間でのエネルギー収支

　前ページの図3から，受け取るエネルギーと放出するエネルギーは次のようにつり合っていることがわかる。

受け取るエネルギー	放出するエネルギー
地表による反射 ・・・・・・・・・・・・・・・・8	宇宙空間から地球への放射・・・・・・100
大気や雲による反射・・・・・・・・・・・・・・23	
大気からの放射・・・・・・・・・・・・・・・・・・57	
大気を通過する地表からの放射・・・12	
合計・・・・・・100	合計・・・・・・100

　これらの数値は未来永劫（えいごう）不変というわけででではない。たとえば，雲の量が増えると，雲による反射や放射の値が大きくなることが考えられる。また，地表の氷河が増えると，地表による反射の値も大きくなることが考えられる。

大気でのエネルギー収支

　前ページの図3から，受け取るエネルギーと放出するエネルギーは次のようにつり合っていることがわかる。

受け取るエネルギー	放出するエネルギー
大気や雲による吸収・・・・・・・・・・・20	大気から宇宙空間への放射 ・・・57
地表からの放射 ・・・・・・・・・・・・・・102	大気から地表への放射 ・・・・・・・・95
地表からの対流や伝導・・・・・・・・・・・7	
地表からの蒸発 ・・・・・・・・・・・・・・23	
合計・・・・・・152	合計・・・・・・152

　大気においても，これらの数値が変わることがある。たとえば，雲の量が増えると，雲からの放射は大きくなることが考えられる。

　ところで，地球上は火山活動が活発であるから，大気もマグマの熱で暖まっていると考えるかもしれない。もちろん，火山活動の影響はゼロではないが，地熱による大気の加熱は太陽による加熱の0.1%にさえ満たない。そのため，大気でのエネルギー収支を考えるときは，マグマの影響を考える必要はない。

地表でのエネルギー収支

　p. 91図3から，受け取るエネルギーと放出するエネルギーは次のようにつり合っていることがわかる。

受け取るエネルギー	放出するエネルギー
宇宙空間からの放射 …………49	地表からの放射 ……………114
大気からの放射 ………………95	地表からの対流や伝導…………7
	地表からの蒸発 ……………23
合計……144	合計……144

　地表では，たとえば，氷河がとけて土壌がむき出しになると，地表面の吸収は大きくなるだろう。

PLUS　潜熱と顕熱によるエネルギーの移動

　地球におけるエネルギーの出入りには，放射によるものだけでなく，潜熱（→ p. 87）や顕熱（物質が状態変化せず温度変化するときに使われる熱）によるものがある。地球の表面の約7割を占める海洋では盛んに水の蒸発が起きている。水が蒸発して水蒸気になるとき，海洋から潜熱の一種である蒸発熱（気化熱）を奪い，大気中の水蒸気は凝結するとき，凝結熱を放出して大気を暖める。すなわち，潜熱によって，エネルギーが海洋から大気へと移動した，と解釈できる。p. 91図3における「地表からの水の蒸発」は，潜熱によるエネルギーの移動を示している。

　また，太陽光で暖まった地表が，地表付近の大気を直接加熱する場合がある。このとき大気は気体のままであり，顕熱によって地表から大気にエネルギーが移動したと解釈できる。p. 91図3における「地表からの対流や伝導」は，顕熱によるエネルギーの移動を示している。

EXERCISE 6

次のア～ウに入る語句を後の**語群**から選んで答えよ。

地球大気の上端で受ける太陽放射エネルギーよりも，地表で受ける太陽放射エネルギーの方が小さい。これは，大気や雲・地表による ア ，大気中のオゾンや酸素による イ 線の吸収，大気中の水蒸気や二酸化炭素による ウ 線の吸収が起きているためである。

語群：分解　反射　可視光　X　紫外　赤外　宇宙

解答 ア：反射　イ：紫外　ウ：赤外

解説 他の地球型惑星と比較すると，地球の大気はかなり特殊であることを理解しておこう。水蒸気や二酸化炭素を主とする温室効果ガスによる太陽からの赤外線の吸収や，酸素や酸素から形成されるオゾンによる紫外線の吸収が特徴的である。雲は赤外線を吸収する一方，太陽光を反射して宇宙空間へ戻している。

SUMMARY & CHECK

☑ 太陽放射：太陽が電磁波として放射するエネルギー。主に可視光線
☑ 地球放射：地球が電磁波として放射するエネルギー。主に赤外線
☑ 地球が受け取る太陽放射エネルギーの量＝地球放射エネルギーの量

THEME
15 温室効果と放射冷却

🏠 **GUIDANCE**　天気ニュースや環境問題のニュースでしばしば出てくる「温室効果」「放射冷却」。これらは，何も特別な現象ではない。水蒸気があれば温室効果は生じるし，惑星の夜の側からはエネルギーがたくさん宇宙へと逃げていく。言葉ではなく，現象をしっかりと理解しよう。

POINT 1　温室効果

　地表から放射された赤外線の一部は，大気中の水蒸気 H_2O や二酸化炭素 CO_2 などの気体に吸収され大気を暖める。暖められた大気は地表や宇宙空間に向かって赤外線を放射するが，このうち地表に向かって放射された赤外線により地表が暖められる。この現象を温室効果といい，赤外線を吸収する気体を温室効果ガスという（図1）。温室効果ガスには，水蒸気や二酸化炭素のほかに，メタンや一酸化二窒素，フロンなどがある。

〈温室効果ガスがない場合〉　　〈温室効果ガスがある場合〉

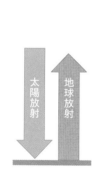
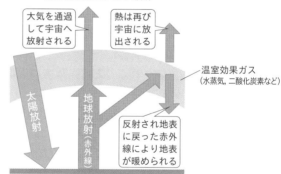

図1　温室効果

温室効果ガスがない場合，地表から放射された赤外線はすべて宇宙空間に逃げる。　一方，温室効果ガスがある場合，地表から放射された赤外線の大部分が大気中で吸収され，赤外線が再び大気から地表に放射されることで，地表が暖められる。

　地球では，温室効果によって地表の平均温度は約 15℃ に保たれている。もし温室効果ガスが存在せず，かつアルベドが変化しないとすれば，地球の地表の平均温度は約 −18℃ まで下がってしまうと見積もられている。

EXERCISE 7

次のア〜ウに入る語句または数値を後の**語群**から選んで答えよ。

いま， ア を吸収したり放射したりする イ や二酸化炭素がなく，温室効果がはたらかない大気を仮定する。このような条件では，熱収支のつり合いのもとでの地表面温度は，実際に観測される地表面付近の平均温度に比べて約 ウ ℃低くなる。

語群：可視光線　赤外線　紫外線　窒素　酸素　水蒸気　3　18　33

- -

解答 ア：赤外線　イ：水蒸気　ウ：33

解説 「温室効果がはたらかない」とあるので，温室効果と温室効果ガスの問題であるとわかる。地球大気に最も多く含まれる温室効果ガスは水蒸気であり，その他に二酸化炭素やフロンなどがある。温室効果ガスは赤外線を吸収して大気を暖め，大気から放射される赤外線によって再び地表を暖める。温室効果ガスが大気からなくなると仮定すれば，地表から放射される赤外線はそのまま宇宙空間へと出て行き，地表付近の温度は約 15℃ から約 −18℃ まで下がると考えられる。そのため，現在の平均気温に比べて 15 + 18 = 33℃ 下がることになる。

POINT 2　放射冷却

　地表から赤外線が放射されることで，地表の温度が下がり，地表付近の気温が低下する現象を放射冷却という。放射冷却は昼夜を問わず起きているが，風の弱い晴れた夜間に顕著である。対流圏(→ p. 83)では通常，上空に向かうほど温度が低くなるが，放射冷却が起きると上空の方が高温となる場合がある。このような大気の層を逆転層という。

1 逆転層では冷たく重たい空気が地表付近に存在することになる。そのため，大気汚染物質がそこに溜まり，公害が発生することがある。

EXERCISE 8

次のア〜ウに入る語句または数値を後の**語群**から選んで答えよ。

右の図は，日本のある場所で，雲のない日に観測された気温と高度の関係である。層X，Y，Zでは，高度が高くなるとともに気温が高くなっている。横軸の目盛りは等間隔で，0℃の目盛りにだけその数値が示されている。横軸は，　ア　℃の等しい間隔で目盛りがふられている。

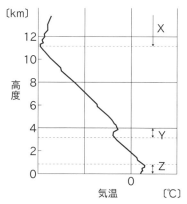

図　日本のある場所で観測された気温と高度の関係

図には示されていないが，層Xは高度約50kmまで続いている。

大気の状態を詳しく調べると，次のようなことがわかった。層Xの気温分布は，層の上部ほど　イ　の吸収による加熱が大きいために形成された。層Zの気温分布は，層内の下部で　ウ　が強いために形成された。

語群：3　6　30　60　赤外線　紫外線　放射加熱　放射冷却

解答　ア：30　イ：紫外線　ウ：放射冷却

解説　対流圏は1km上昇するごとに，平均で6.5℃低下する。図より上空11km付近までが対流圏だから，横軸2目盛りで60℃強気温が下がることになる。したがって，横軸は30℃ごとに目盛りがふられていると考えられる。縦軸の高度からもわかるように，Xは成層圏の一部である。オゾンは成層圏に集中していて，オゾンが太陽からの紫外線を吸収するために上空ほど温度は高くなる。層Zの気温分布は，放射冷却によって地表付近の温度が低下し，上空の方が高温となることによって形成されている。

SUMMARY & CHECK

☑ <u>温室効果</u>：地表から放射された赤外線の一部が<u>温室効果ガス</u>に吸収され，再び地表に放射されることで，地表を暖める

☑ <u>放射冷却</u>：地表から赤外線が放射され，地表とその付近の温度が下がる

THEME

16 緯度ごとのエネルギー収支と風

GUIDANCE 日本の冬は，実は１年の中で，地球が比較的太陽まで近い季節。しかし，冬は寒い。それは，太陽の高度が低いからである。パリは札幌よりも高緯度にある。しかし，札幌よりも暖かい。それは，暖流のせいである。エネルギー循環に大気や海洋が与える影響を学ぼう。

POINT 1 緯度ごとのエネルギー収支

地球が受け取る太陽放射エネルギーは太陽高度によって異なり，赤道付近で多く，極付近で少ない。たとえば，右の図１に示すように，緯度60°の地域で受け取る太陽放射エネルギーは，赤道での半分になる。また，高緯度地域では雪や氷が多く，雪や氷はアルベド(→ p. 92)が大きいため，太陽放射を反射しやすいので，受け取る太陽放射エネルギーはさらに少なくなる。

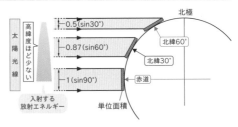

図1 緯度によって受け取る太陽放射エネルギーの違い

春分の日(秋分の日)の南中時における太陽放射の様子を示す。赤道以外の地域では，太陽放射が地表に対して斜めに入射するので，赤道地域に比べて受け取る太陽放射エネルギーが少なくなる。

宇宙へ放射される地球放射エネルギーは表面温度が高いほど多いため，緯度によって異なり，低緯度地域で多くなり，高緯度地域で少なくなる。ただし，地球が受け取る太陽放射エネルギーに比べると，緯度による差は小さい。

地球が受け取る太陽放射エネルギーと，宇宙へ放射される地球放射エネルギーを緯度ごとに表したのが，次ページの図２である。低緯度では受け取る太陽放射エネルギーの方が多く，高緯度では放出する地球放射エネルギーの方が多くなっている。THEME14で学んだように，地球全体で見れば，地球が受け取る太陽放射エネルギーと，宇宙へ放射される地球放射エネルギーはつり合いが取れている(→ p.91)のだが，緯度ごとに比較すると偏りが生じるのである。しかし，赤道付近で気温が上がり続けたり，高緯度で気温が下がり続けたりすることはない。大気や海洋が地球規模で循環することで，低緯度から高緯度にエネルギーが輸送されているからである。

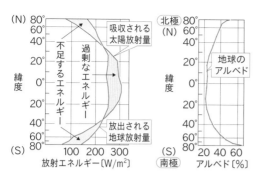

図2 緯度ごとのエネルギー収支と，太陽放射に対するアルベド

地球全体では，過剰なエネルギー（赤色部分）と不足するエネルギー（青色部分）の面積は等しく，エネルギー収支はつり合っている。

EXERCISE 9

次のア〜エに入る語句または数値を答えよ。

次の図は，1年間で平均した緯度別の地球放射エネルギー量 E と，太陽放射エネルギー量 S を示したものである。A，Bのうち地球放射エネルギー量を表しているのは ア である。図において，緯度 イ °付近で E と S の大小が逆転していることがわかる。エネルギー収支の緯度による違いを埋めるように， ウ や エ の流れがエネルギーを運んでいるからである。

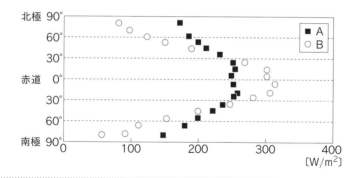

解答　ア：A　イ：30　ウ：大気　エ：海洋（ウ・エは順不同）

解説　低緯度では太陽放射エネルギーが地球放射エネルギーを上回り，高緯度では地球放射エネルギーが太陽放射エネルギーを上回るため，地球放射エネルギー量を示しているのはAである。また，エネルギー収支の緯度による過不足は，大気や海洋の循環によって低緯度から高緯度へとエネルギーが運ばれることで解消される。このため，高緯度でもそれほど寒くはない地域がある。

POINT 2　海陸風

地表は海面に比べて暖まりや
すく，冷めやすい。このため，
日中の海岸付近では，大気が良
く風が比較的弱ければ，地表の
方が先に暖まる。暖められた地
表付近の空気は密度が小さくな
ることで上昇し，地表で上昇気
流が発生する。すると，周囲か
ら冷たい空気が入り込むため，
海から陸に向かう風（海風）が吹

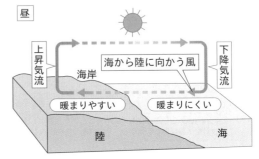

図3　日中の海岸付近で吹く海風

く（図3）。一方，夜間はその逆で，海面の方が冷めにくく地表に比べて暖かい
ので，海面で上昇気流が発生する。その結果，陸から海に向かう風（陸風）が吹
く。1日の間に交互に吹く海風と陸風を合わせて海陸風という。

POINT 3　高気圧・低気圧と風

周囲に比べて気圧が高いところを高
気圧といい，周囲に比べて気圧が低い
ところを低気圧という。右の図4に示
すように，高気圧の上空では下降気流
が発生し，地表付近では中心から周囲
へ風が吹き出す。一方，低気圧の地表
付近では周囲から中心に風が吹き込
み，上昇気流が発生する。このため，
低気圧の上空では雲が発生しやすい。
また，地球の自転の影響により，高気
圧の地表付近では時計回りに風が吹き
出し，低気圧の地表付近では反時計回
りに風が吹き込む。

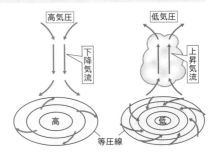

図4　高気圧・低気圧に伴う地上での
　　　風の吹き方（北半球）

POINT 4　季節風（モンスーン）

季節によって特有の向きに吹く風を季節風（モンスーン）といい，その地域の
気候に大きな影響を与える。ここでは，東アジアの季節風を考えてみよう。

大陸は，海洋に比べて暖まりやすく冷めやすい。このため，夏は大陸の方が
海洋よりも暖かくなるので，大陸で上昇気流が発生する。すなわち，ユーラシ

ア大陸上に低気圧ができることになる。風は低気圧の中心に向かって吹き込むから，日本列島を基準にとると，夏は海洋から大陸へと南東風(南東からの風)が吹く(図5左側)。海陸風でいう海風と原理的には近い。冬は，海洋の方が大陸よりも暖かくなるので，夏とは逆に，海洋で低気圧ができる。この結果，ユーラシア大陸内部から北西風(北西からの風)が吹く(図5右側)。

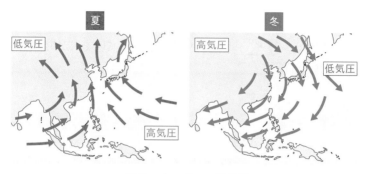

図5　東アジアの季節風

EXERCISE 10

　次のア〜カに入る語句を後の**語群**から選んで答えよ。ただし，同じ語を繰り返し用いてよい。

　昼ごろ，海岸付近を散歩した。天気は良く，　ア　から　イ　へと風が吹いていた。夜に再び海岸に行ってみると，風は　ウ　から　エ　へと吹いていた。海の方が陸地よりも冷め　オ　性質があるからである。これと同じような現象は，海洋と大陸の間でも見られる。海洋と大陸の温度差によって発生するこの風は　カ　とよばれている。

　語群：海　陸　やすい　にくい　偏西風　貿易風　季節風

- -

解答　ア：海　イ：陸　ウ：陸　エ：海　オ：にくい　カ：季節風

解説　水に比べれば，岩石の方が暖まりやすく冷めやすい。そのため陸の方が海よりも暖まりやすく冷めやすい。太陽が昇っている昼間は，陸が暖まり，陸で上昇気流が発生し，それを補うように海から風が吹く。いわゆる海風である。夜はその逆である。海陸風は海岸付近の局地的な風の循環だが，同じような現象が大陸と海洋の間にも見られ，季節風とよばれている。日本列島はまさにユーラシア大陸と太平洋の間にあるため，季節風の影響を強く受ける。

EXERCISE 11

次のア・イに入る語句を後の**語群**から選んで答えよ。

高気圧や低気圧などの大きなスケールの風の影響が小さい場合，谷間などの限られた地域で特徴的な風が吹くことがある。このような風を山谷風（やまたにかぜ）という。山谷風は山頂と谷の暖まりやすさの違いによって生じ，その仕組みは海陸風と類似している。晴れた日，谷（谷底）において，　ア　は谷から山頂に向かい，　イ　は山頂から谷に向かって吹く風が生じる。

語群：日中　夜間

....

解答　ア：日中　イ：夜間

解説　晴天の日中，暖まった山の斜面によって斜面付近の空気が暖まり，谷から山頂へと向かう空気の流れが生じる。夜間は放射冷却で斜面付近の空気が冷却され，山頂から谷へと空気が流れる。これが山谷風である。山谷風のような局地的な空気の流れは地形に大きく左右される。また，地形だけではなく，高気圧や低気圧に伴う大きな空気の流れによって打ち消されてしまう可能性がある。

SUMMARY & CHECK

☑ 緯度ごとのエネルギー収支：
　　赤道付近…エネルギー過剰　　極付近…エネルギー不足
☑ 海陸風：地表と海面の暖まりやすさの違いによって生じる風
　　日中…海から陸に向かう海風　　夜間…陸から海に向かう陸風
☑ 高気圧では下降気流，低気圧では上昇気流が発生
　　→高気圧では周囲に風が吹き出し，低気圧では周囲から風が吹き込む
☑ 季節風（モンスーン）：季節によって特有の方向に吹く風。大陸と海洋の暖まりやすさの違いによって生じる
　　夏…海洋から大陸に向かう風　　冬…大陸から海洋に向かう風

THEME
17 大気の大循環

🏛 **GUIDANCE** 　熱は，余っているところから足りないところへと移動する。受け取る太陽放射エネルギーの違いから，赤道付近では熱が余り，極付近では熱が足りない。したがって，赤道から極へと大気の循環が生じるのではないか。そう考えたのはイギリス人の弁護士で気象学者のハドレーだった。

POINT 1 大気の大循環

　地球では大規模な大気の循環が起きていて，低緯度地域，中緯度地域，高緯度地域でそれぞれ別個の特徴がある。この循環は，下の図1に示すように，赤道に対してほぼ対称になっている。

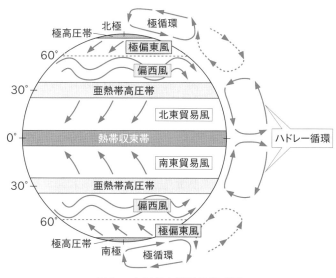

図1　大気の大循環の模式図

低緯度地域（赤道～緯度30°付近）

太陽放射エネルギーを多く受け取る赤道付近では大気が暖まりやすいため，強い上昇気流が生じ，雲が盛んに発生して多量の雨が降る。この地域を<u>熱帯収束帯</u>（赤道収束帯）という。熱帯収束帯で対流圏界面（→ p. 84）近くまで上昇した大気は，中緯度地域に向かって流れ，緯度30°付近の<u>亜熱帯高圧帯</u>で下降する。亜熱

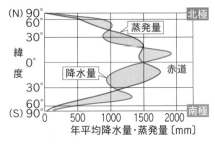

図2　緯度ごとの降水量と蒸発量

帯高圧帯では雲ができにくく，大陸は乾燥して砂漠になりやすい。上の図2にも示した通り，熱帯収束帯では降水量が蒸発量より多く，亜熱帯高圧帯では蒸発量が降水量より多くなる。

亜熱帯高圧帯で下降した大気のうち，一部は赤道へ戻る。この大気は地球の自転による影響で，東寄りの風（北半球では北東風，南半球では南東風）となる。この東寄りの風を<u>貿易風</u>という。南北両方から吹く貿易風は多くの水蒸気を運んで熱帯収束帯に吹き込み，多量に雨を降らす。

熱帯収束帯と亜熱帯高圧帯の間で起こる大気の循環は，<u>ハドレー循環</u>とよばれる。

中緯度地域（緯度30°～60°付近）

亜熱帯高圧帯では，大気が貿易風として低緯度に移動するだけでなく，高緯度に向かっても移動する。亜熱帯高圧帯から高緯度に向かって移動する大気は，中緯度地域で，地球の自転の影響により西寄りの風となる。この西寄りの風を<u>偏西風</u>という。偏西風は南北に蛇行しながら地球を一周するように吹いている。また，偏西風は対流圏界面付近でとくに強く吹き，これを<u>ジェット気流</u>という。

高緯度地域（緯度60°～極付近）

極付近では大気が冷えやすいので，下降気流が生じ，高気圧の地帯（<u>極高圧帯</u>）ができる。地表付近では極高圧帯から低緯度側に向かって，地球の自転の影響により東寄りとなった風が吹く。この東寄りの風を<u>極偏東風</u>という。一方，上空では極に向かう西寄りの風が吹く。高緯度地域の地上と上空との間で起こる大気の循環を<u>極循環</u>という。

EXERCISE 12

次のア～ウに入る語句を後の**語群**から選んで答えよ。ただし，同じ語を繰り返し用いてよい。

　　ア　地域ではハドレー循環が卓越している。ハドレー循環の下降気流によって，緯度30°付近では雲ができにくく，降水量よりも蒸発量が　イ　。このような地帯のことを　ウ　高圧帯という。

語群：低緯度　中緯度　高緯度　多い　少ない　亜寒帯　温帯　亜熱帯

解答　ア：低緯度　イ：多い　ウ：亜熱帯

解説　低緯度地域で起こるハドレー循環は，赤道付近の熱帯収束帯で上昇し，緯度30°付近の亜熱帯高圧帯で下降する大気の循環のことである。亜熱帯高圧帯では下降気流によって雲ができにくく雨が降りにくいので，降水量よりも蒸発量が多い。

POINT 2　温帯低気圧

　中緯度地域では偏西風が蛇行しながら吹くことによって，低緯度側の暖気と高緯度側の寒気がぶつかり合う。この暖気と寒気の境目で発生するのが<u>温帯低気圧</u>である。北半球では通常，温帯低気圧の西側に<u>寒冷前線</u>が，東側に<u>温暖前線</u>ができる（p.106図3）。また，温帯低気圧は偏西風の影響で西から東へ移動する。日本付近で天気が西から東へ変化しやすいのはこのためである。

　次のページの図3下部で示すように，寒冷前線では，寒気が暖気の下にもぐり込むことで暖かく湿った空気が持ち上げられ，積乱雲が発生する。積乱雲は狭い範囲で短時間に強い雨を降らせる。一方，温暖前線では，暖気が寒気の上に這い上がり，乱層雲などが発生する。乱層雲は広い範囲に長時間穏やかな雨を降らせる。

1性質が異なる空気のかたまり（気団）の境界面を前線面といい，前線面と地表面が交わるところを前線という。

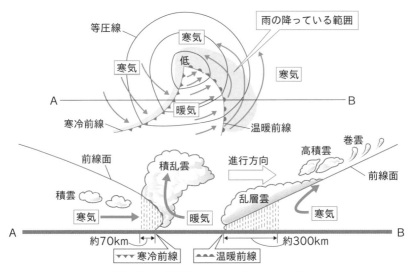

図3　寒冷前線面と温暖前線面の断面（A－B）の様子（北半球）

　低緯度地域の熱帯や亜熱帯にある海洋上で発生した上昇気流は，水蒸気を多く含む。この水蒸気が上空で凝結すると，積乱雲ができると同時に，潜熱（→ p.87）を放出する。この潜熱が周辺の空気を暖めると，さらに上昇気流が強くなる。こうして発達した低気圧を熱帯低気圧という。熱帯低気圧は暖気だけでできているので，温帯低気圧とは異なり，前線はできない。

　熱帯低気圧は貿易風や偏西風などによって移動し，その過程で激しい風雨をもたらす。熱帯低気圧のうち，北西大平洋で発生し，最大風速が秒速 17.2 m 以上のものを台風という。

SUMMARY & CHECK

☑ 大気の大循環：低緯度地域…ハドレー循環。地上では東寄りの貿易風が吹く

　　　　　　　　中緯度地域…西寄りの偏西風が吹く

　　　　　　　　高緯度地域…極循環。地上では東寄りの極偏東風が吹く

☑ 温帯低気圧：中緯度地域で，暖気と寒気がぶつかってできる

☑ 熱帯低気圧：低緯度地域の海洋で，暖気が上昇してできる。前線はない

THEME
18　海洋とその運動

🏛 **GUIDANCE**　海水は，太陽光や大気循環，大陸配置の影響を大きく受けて循環している。そして，地球の気候に大きな影響を与えている。また，炭素を二酸化炭素の形で大量に保存するなど，物質循環の「貯蔵庫」としての役割も大きい。海水の性質と運動を見ていこう。

POINT 1　海水の組成

　海水には，塩化ナトリウムや塩化マグネシウムなどの塩類が溶けている（図1）。水に含まれる塩類の濃度を<u>塩分</u>という。海水の塩分は，海水1kgあたりに含まれる塩類の質量で表され，その平均は約35gである。この割合を千分率（パーミル：‰）で表すと，約35‰となる（これは3.5%と等しい）。海水の塩分は場所や深さで変わるが，海水に含まれる塩類の比率は場所や深さによらずほぼ一定である。これは，海水がよく混合されていることを意味する。

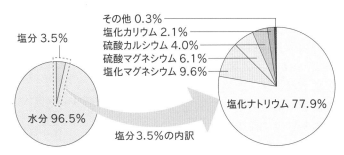

その他 0.3%
塩化カリウム 2.1%
硫酸カルシウム 4.0%
硫酸マグネシウム 6.1%
塩化マグネシウム 9.6%

塩分 3.5%

水分 96.5%

塩化ナトリウム 77.9%

塩分3.5%の内訳

図1　海水に含まれる塩類の組成

塩化ナトリウム，塩化マグネシウム，硫酸マグネシウムの上位3種で，塩類全体の9割以上を占めている。

POINT 2　海水の温度

　海面の水温は，場所や季節によって大きく異なる。一般的には，受け取る太陽放射エネルギーが多い低緯度ほど高温になりやすい。日本列島付近の海面水温は2～3月に最も低温で，8～9月が最も高温である。本州南端の紀伊半島沖では，夏季に30℃を超えることもある。

　海面から深海に向かって，海水の温度は特徴的な変化を示す。その温度変化の違いによって，海洋は<u>表層混合層</u>・<u>水温躍層</u>（主水温躍層）・<u>深層</u>の3つの層

に分けられる。表層混合層の水温は，場所や季節で大きく変化する。一方，深層の水温は場所や季節による変化が小さく，水深2000mよりも深くなると，水温は世界のどこでも約2℃と一定になる。表層混合層と深層の間にあるのが水温躍層で，ここでは，水深が深くなるにつれて水温が急激に低下する。

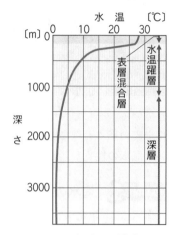

図2　海洋の層構造

それぞれの層の範囲は，場所や季節によって変化する。

EXERCISE 13

次のア～ウに入る記号または数値を後の**語群**から選んで答えよ。

右の図は，海水温の鉛直分布である。座標軸の数値は省略されているが，縦軸は上端が0，横軸は左端が0である。曲線は，極・熱帯・夏の温帯・冬の温帯における温度分布を表す。温帯の冬を表す曲線は　ア　である。縦軸の目盛りは　イ　mきざみ，横軸の目盛りは　ウ　℃きざみである。

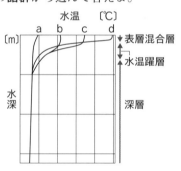

語群：a　b　c　d　1000　2000　5　10

· ·

解答　ア：b　イ：1000　ウ：5

解説　緯度が低いほど日射が強いため，aが極，bが冬の温帯，cが夏の温帯，dが熱帯である。水温が急激に低下する水温躍層は，表層混合層の下に厚さ数百mの範囲で見られるので，縦軸の目盛りは1000mきざみが適切である。また，地球の平均気温である15℃と，温帯の気温が同じくらいだと考えれば，横軸の目盛りは5℃きざみと考えられる。

POINT 3 海流

海洋表層の海水は，海域ごとにほぼ一定の方向に流れている。この水平方向の運動を海流という。海流の向きや強さは，貿易風(→ p. 104)や偏西風(→ p. 104)，地球の自転，大陸配置などの影響を受ける。このような海流を風成循環という。貿易風帯の海流は東から西へ，偏西風帯の海流は西から東に向かうため，北半球では時計回り，南半球では反時計回りの流れとなる。これらの流れは環状であるため，環流(亜熱帯還流，亜熱帯循環系)とよばれる。

下の図3に示すように，海流の中でもとくに規模が大きく強い流れがいくつか知られている。黒潮は北太平洋の環流の一部だが，平均的な海流が1秒に数十cm進むのに対し，黒潮は1秒で2m以上も進む。

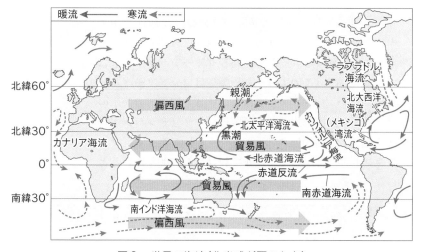

図3　世界の海流(北半球が夏のとき)
熱帯インド洋では，夏と冬で海流の向きが変わる。

日本付近の海流

日本付近の海流には，黒潮や対馬海流，親潮やリマン海流がある(右図は夏のときの海流)。黒潮は日本の南岸に沿って北上するが，たまに紀伊半島沖で南に大きく蛇行することがある(黒潮大蛇行)。黒潮大蛇行が起こると，下層の冷水が湧き上がって冷水域が生じ，沿岸の漁業に影響を与えることがある。

深さ約1kmまでの海水は風成循環によって運動するが，それより深い所では，深層循環とよばれる運動が起きている。北大西洋のグリーンランド付近や南極付近では水温が低いので，海水の密度が大きくなる。加えて，海水が凍って氷になると，氷には塩類が取り込まれないので，海水中の塩分が増加し，さらに海水の密度が大きくなる。この結果，グリーンランド付近や南極付近の海水が海底に向かって沈み込み，深層をゆっくり移動してから表層に戻る深層循環を形成する。深層循環は，海水に溶け込んだ二酸化炭素などの物質を，海洋全体に運ぶ役割を担っている。

グリーンランド付近で沈み込んだ海水は，大西洋を南下し，赤道を越え，南極海で沈み込んだ海水と合流し，インド洋や太平洋で上昇する。そして，再びグリーンランド付近に戻ってくる(図4)。このような深層循環は<u>コンベアーベルト</u>(海洋のベルト・コンベア)とよばれている。深層での海水の流速は，表層の海流に比べて極めて遅い。グリーンランド付近で沈み込んだ海水が，コンベアーベルトによって再びグリーンランド付近に戻ってくるまでには，約2000年かかると考えられている。

1 深層循環は，海水の温度と塩分の違いによって生み出されることから，熱塩循環ともいう。

図4　コンベアーベルトの大まかな流れ

EXERCISE 14

次のア〜エに入る語句または数値を後の**語群**から選んで答えよ。

海水を蒸発させるとさまざまな塩類が抽出される。その主な成分は塩化ナトリウムで，次いで ア である。海域で異なるが，海水1000gあたりに含まれる塩類の質量は イ g程度である。海水中に含まれる塩類の組成比は， ウ 。

高緯度では，海水は塩分を エ ながら凍る。その結果，重くなった海水は沈み込み，世界中の大洋を巡るような流れが形成されている。

語群：炭酸カルシウム　塩化マグネシウム　硫酸マグネシウム
　　　　0.35　3.5　35　場所によって変化する
　　　　世界中でほぼ一定である　取り込み　排除し

解答 ア：塩化マグネシウム　イ：35　ウ：世界中でほぼ一定である
エ：排除し

解説 地球が誕生して間もないころ，強酸性であった海水が地殻を溶かした結果，塩類が海水に溶け込んだと考えられている。物質名では多い順に，塩化ナトリウム，塩化マグネシウム，硫酸マグネシウムであるが，イオンだと塩化物イオン，ナトリウムイオン，硫酸イオンである。塩類の組成比は世界中でほぼ一定で，塩分は大陸近くのように淡水が流れ込みやすいところではやや低く，亜熱帯高圧帯のように降雨が少ないところではやや高い。

グリーンランド付近では，海氷ができる際に塩類が海水に取り残されて，海水の密度が増すことで海水が沈み込んでいる。地球温暖化が進むことで，大西洋でのこの沈み込みが停止するのでは，という予測もある。

SUMMARY & CHECK

☑ 海水の**塩分**：海水1kgに35gの塩類が含まれる（千分率で35‰）

☑ 海洋の層構造：浅い順に，表層混合層・水温躍層（主水温躍層）・深層水温躍層…水深が深くなるにつれて水温が急激に低下

☑ 海流の向きと強さ：貿易風や偏西風，自転の影響，大陸配置などで決まる

☑ 深層循環：海水の温度が低かったり，海水が凍って塩分が高くなったりすることで，海水の密度が大きくなり，表層の海水が沈み込んで起こる

1 　太陽から直接地表に届く放射エネルギーの量を計測する実験に関する次の文章を読み，後の問い(**問1・問2**)に答えよ。

　太陽定数と比較することを目的に，次の図1に示す簡易日射計を作製した。この日射計の光を受ける面は，光の反射を防ぐため黒くぬる。日射以外の熱の出入りを可能な限り少なくするため，光を受ける面以外は断熱材で覆い，かつ容器は　 ア 　の水で満たす。計測するときは，受けるエネルギーが最大になるよう光を受ける面を　 イ 　に置き，1分ごとに温度を読み取る。

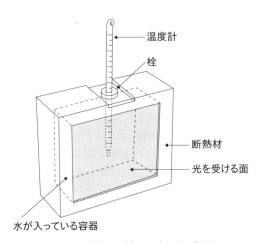

図1　作製した簡易日射計の概要

問1 文章中の ア ・ イ に入れる語句の組合せとして最も適当なものを，次の①～④のうちから一つ選べ。

	ア	イ
①	周囲の気温にかかわらず温度 0 ℃	太陽光線に垂直
②	周囲の気温にかかわらず温度 0 ℃	地表に平行
③	周囲の気温と同じ温度	太陽光線に垂直
④	周囲の気温と同じ温度	地表に平行

問2 作製した日射計の光を受ける面積は S〔m^2〕，1℃ 上昇するために必要なエネルギーの量は水と容器を合わせて C〔J/℃〕である。実験で求めた 1 分あたりの温度上昇率は T〔℃/分〕であった。このときの $1m^2$，1秒あたりの太陽放射エネルギーの量〔W/m^2〕を求める計算式として最も適当なものを，次の①～④のうちから一つ選べ。

① $C \times S \times \dfrac{1}{T} \times 60$　　　② $C \times S \times \dfrac{1}{T} \times \dfrac{1}{60}$

③ $C \times \dfrac{1}{S} \times T \times 60$　　　④ $C \times \dfrac{1}{S} \times T \times \dfrac{1}{60}$

2 　海水温の分布に関する次の問い(**問 1**)に答えよ。

問 1 　黒潮が流れている海域とカリフォルニア海流が流れている海域の同じ緯度上において，年平均水温の深さ方向の分布を模式的に示した図として最も適当なものを，次の①〜④のうちから一つ選べ。なお，図中の実線は黒潮，破線はカリフォルニア海流における水温の鉛直分布とする。

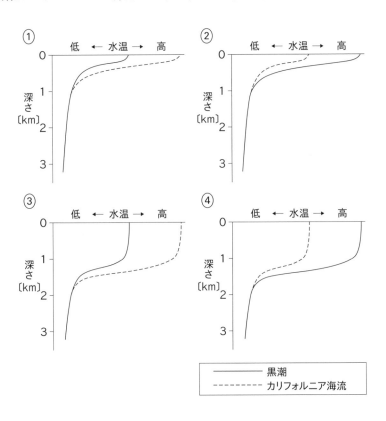

3 地球のエネルギー収支と熱の輸送に関する次の文章を読み，後の問い（**問1・問2**）に答えよ。

　太陽から放射される電磁波のエネルギーは ⎣ ア ⎦ の波長域で最も強い。一方，地球は主に ⎣ イ ⎦ の波長域の電磁波を宇宙に向けて放射している。地球が太陽から受け取るエネルギー量と，地球が宇宙に放出するエネルギー量は，地球全体ではつり合っているが，緯度ごとには必ずしもつり合っていない。これは，(a)大気と海洋の循環により熱が南北方向に輸送されていることと関係している。

問1　文章中の ⎣ ア ⎦・⎣ イ ⎦ に入れる語句の組合せとして最も適当なものを，次の①～⑥のうちから一つ選べ。

	ア	イ
①	紫外線	可視光線
②	紫外線	赤外線
③	可視光線	紫外線
④	可視光線	赤外線
⑤	赤外線	紫外線
⑥	赤外線	可視光線

問 2 前ページの文章中の下線部(a)に関して，次の図 2 は大気と海洋による南北方向の熱輸送量の緯度分布を，北向きを正として示したものである。海洋による熱輸送量は実線と破線の差で示される。大気と海洋による熱輸送量に関して述べた文として最も適当なものを，後の①〜④のうちから一つ選べ。

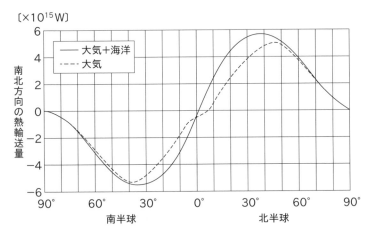

図2　大気と海洋による熱輸送量の和(実線)と大気による熱輸送量 (破線)の緯度分布

① 大気と海洋による熱輸送量の和は，北半球では南向き，南半球では北向きである。

② 北緯 10° では，海洋による熱輸送量の方が大気による熱輸送量よりも大きい。

③ 海洋による熱輸送量は，北緯 45° 付近で最大となる。

④ 大気による熱輸送量は，北緯 70° よりも北緯 30° の方が小さい。

4 台風と高潮に関する次の文章を読み，後の問い（**問 1**・**問 2**）に答えよ。

台風はしばしば高潮の被害をもたらす。これは，(a)気圧低下によって海水が吸い上げられる効果と，(b)強風によって海水が吹き寄せられる効果とを通じて海面の高さが上昇するからである。次の図 3 は台風が日本に上陸したある日の18時と21時の地上天気図である。

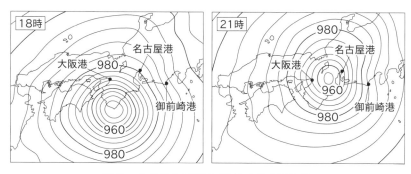

図3　ある日の18時と21時の地上天気図
等圧線の間隔は4hPa である。

問 1 図 3 の台風において**下線部(a)の効果のみ**が作用しているとき，名古屋港における18時から21時にかけての海面の高さの上昇量を推定したものとして最も適当なものを，次の①〜④のうちから一つ選べ。なお，気圧が 1 hPa 低下すると海面が 1 cm 上昇するものと仮定する。

① 9 cm　　② 18 cm　　③ 36 cm　　④ 54 cm

問2 次の表1は，図3の台風が上陸した日の18時と21時のそれぞれにおいて，前ページの文章中の**下線部(b)の効果のみ**によって生じた海面の高さの平常時からの変化を示す。X，Y，Zは，大阪港，名古屋港，御前崎港のいずれかである。各地点に対応するX～Zの組合せとして最も適当なものを，後の①～⑥のうちから一つ選べ。

表1 下線部(b)の効果による海面の高さの平常時からの変化〔cm〕
＋は上昇，－は低下を表す。

	18時	21時
X	－66	＋5
Y	＋63	＋215
Z	＋31	＋32

	大阪港	名古屋港	御前崎港
①	X	Y	Z
②	X	Z	Y
③	Y	X	Z
④	Y	Z	X
⑤	Z	X	Y
⑥	Z	Y	X

CHAPTER 3

宇宙

THEME
19 宇宙の誕生

　実験室で宇宙を創造することは，おそらく永遠に不可能であろう。それでは，宇宙の始まりに，あるいは宇宙の最期に，どうやってたどり着けばよいのか。観測結果と理論，コンピュータシミュレーションを駆使して，宇宙のことを少しでも知ろうではないか。

POINT 1　ビッグバン

　宇宙は，今から約138億年前に"無"から誕生したと考えられている。ここで言う"無"とは，空間も物質も，時間さえも存在しない状態である。生まれたばかりの宇宙は，光や電子などのさまざまな粒子が混ざり合い，超高温・超高密度の状態だった。宇宙がこのようにして始まったこと，あるいは宇宙が生まれたばかりのこのような状態は**ビッグバン**とよばれている。

　宇宙は誕生してから膨張し続けてきた。この膨張は，宇宙の至るところで一様に広がってきたものと考えられている。この様子は，次の図1に示すように，多数の点をかいた紙を拡大コピーしたときに近い。

> 1 アメリカ合衆国のハッブルは，1929年に，銀河の遠ざかる速度が，銀河までの距離に比例することを見いだした。また，それ以前にベルギーのルメートルも同様の考えを示していた。これは，宇宙が膨張していることの証拠の一つになっている。

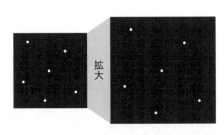

拡大

図1　宇宙の一様な広がりのイメージ

多数の点をかいた紙を拡大コピーすると，各点の間の距離は同じ割合で増える。紙にかいた各点は，一つひとつの銀河と見立てることができる。ただし，広がるのはあくまで空間であり，銀河そのものが広がるわけではない。銀河内の天体は互いに重力で引き合っているからである。

誕生した宇宙は膨張とともに温度が下がり，誕生から10万分の1秒後には原子核の構成要素である陽子や中性子ができた。さらに約3分が経ち，温度が約10億K に下がると，陽子と中性子が結合してヘリウムの原子核ができた。

2 K（ケルビン）は温度を表す単位の一つで，天体の温度を表すときによく使われる。K で表された温度を絶対温度といい，絶対温度 T〔K〕とセルシウス温度（摂氏温度）t〔℃〕の間には次の関係がある。
T〔K〕$= t$〔℃〕$+273$
たとえば3000K は，2727℃ と等しい。

3 ヘリウムの原子核は，陽子2個と中性子2個から成り立っている。

POINT 2　宇宙の晴れ上がり

　宇宙が誕生したばかりで高温だったころは，電子は原子内に留まらず単独で飛び回っていた。この状態では，光はすぐに電子とぶつかってしまい，長い距離を直進できない。このため，当時の宇宙は深い霧に包まれているかのように，あまり遠くまでは見通せなかった。

　しかし，宇宙が誕生してから約38万年が経つと，宇宙の温度が約3000K まで下がり，水素の原子核やヘリウムの原子核が電子をとらえ，それぞれ水素原子やヘリウム原子になった。その結果，光は電子に妨害されずに直進できるようになり，宇宙を遠くまで見通すことができるようになった。この現象を宇宙の晴れ上がりという（図2）。なお，宇宙の晴れ上がりが起きた時点では，宇宙にはまだ恒星は一つもなかった。

4 水素の原子核は陽子1個で成り立っている。つまり，「水素の原子核」と「陽子」は同じものである。

宇宙の晴れ上がり前：高温　　宇宙の晴れ上がり後：温度が下がる

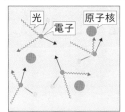
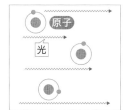

図2　宇宙の晴れ上がり
電子が原子核にとらえられて単独で飛び回ることがなくなることで，光が電子にぶつからずに直進できるようになった。

宇宙の晴れ上がりの後も宇宙は膨張を続け，密度も温度もさらに下がっていった。その過程で物質の分布にむらが生じ，密度が濃い部分で恒星が誕生した。最初の恒星が誕生したのは，宇宙が誕生してから約1〜3億年後と考えられている。恒星はやがて集まって銀河をつくり，さらに銀河が集まって宇宙の大規模構造をつくった。

EXERCISE 1

次のア〜ウに入る語句または数値を後の**語群**から選んで答えよ。

宇宙が誕生したばかりで高温だったころは，単独で飛び回る　ア　が光の直進を妨げていた。しかし，宇宙が誕生してから約　イ　年が経つと，　ア　は原子核にとらえられ，光が長距離を直進できるようになり，宇宙を遠くまで見通すことができるようになった。

宇宙が誕生してから約　ウ　年後に，太陽系が誕生した。現在，宇宙が誕生してから約138億年が経過したと考えられているが，宇宙は誕生してから現在に至るまで膨張を続けている。

語群：陽子　中性子　電子　3万　8万　38万　10億　50億　90億

解答 ア：電子　イ：38万　ウ：90億

解説 原子は原子核と電子から構成され，原子核はさらに陽子と中性子から構成される。宇宙誕生から約3分後，まず陽子と中性子が結合して原子核ができたが，まだ電子が自由に飛びかっていたので，光は直進することができず，宇宙は不透明であった。電子が原子核にとらえられて原子になったのは，宇宙が誕生してから約38万年後で，光が直進できるようになり，宇宙は透明になった。この現象を宇宙の晴れ上がりという。

太陽系が誕生したのは今から約46億年前（→ p. 128）である。一方，宇宙が誕生したのは今から約138億年前なので，宇宙が誕生してから太陽系が誕生するまでの時間は，138−46＝92から約90億年後と計算できる。

SUMMARY & CHECK

☑宇宙の誕生の過程：**ビッグバン**→陽子や中性子ができる（10万分の1秒後）
　　→ヘリウムの原子核ができる（約3分後）
　　→宇宙の晴れ上がり（約38万年後）→恒星の誕生（約1〜3億年後）

THEME
20 宇宙の構造

🏛 **GUIDANCE**　人類は宇宙空間へと望遠鏡を送り込んで，宇宙の深淵を見ようとしている。その目は可視光線だけでなく，さまざまな波長の光を観測手段にもつ。一見，大洋の小島のように浮かんでいるかと思われていた銀河達は，実は多数が連なって万里の長城のようになっているのである。

POINT 1 銀河系

　数千億個の恒星からなる集団を銀河という。宇宙には無数の銀河があるが，太陽系が属している銀河のことをとくに銀河系（天の川銀河）という。下の図1に示すように，銀河系には約2000億個の恒星が分布している。太陽系は，銀河系の中心から約2万8000光年離れたところにある。→**1**

1「光年」は距離を表す単位で，光が1年に進む距離を1光年とする。1光年は約9兆5000億kmである。

```
円盤部に垂直な断面
```

ハロー　　球状星団
太陽系　バルジ
2.8万光年
5万光年
7.5万光年
円盤部
（ディスク）

```
円盤部に水平な断面
```

太陽系
円盤部
（ディスク）
バルジ

図1　銀河系の構造

　銀河系のうち，中心で恒星が密集して膨らんだ部分をバルジ，恒星が直径約10万光年の円盤状に集まった部分を円盤部（ディスク），バルジや円盤部を球状に取り囲む直径約15万光年の部分をハローという。また，恒星が密集している部分を星団という。円盤部には散開星団とよばれる，若い恒星からなる不規則な形の星団が多く存在する。一方，ハローには球状星団とよばれる，年老いた恒星からなる球状に密集した星団が多くある。

　天の川は，地球から銀河系の円盤部にある恒星の集まりを見たものである。北半球では夏の夜空で天の川が明るく見える。これは地球の夜側が夏になると，恒星が多く存在する銀河系の中心方向を向くためである。

問1 銀河系の円盤部の直径と，それを取り巻くハローの直径の組合せとして最も適当なものを，次の①〜④のうちから一つ選べ。

	円盤部の直径	ハローの直径
①	1万光年	2万光年
②	5万光年	10万光年
③	10万光年	15万光年
④	15万光年	20万光年

問2 次の図は，銀河系の断面図を示したものである。夏に見える天の川は，図のA〜Dのうちどの方向を見たものか。最も適当なものを一つ選べ。

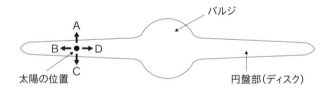

解答 問1：③ 問2：D

解説 **問1** 銀河系のうち，恒星が円盤状に分布している部分を円盤部といい，直径は約10万光年である。円盤部を球状に取り囲むのがハローで，直径は約15万光年である。

問2 私たちは銀河系の内部にいるため，銀河系の全体像を正確にとらえることは難しい。遠くの恒星までの距離を測る「宇宙の距離はしご」という方法がある。はしごを1段1段上るように，まず比較的近い恒星を測定する。その結果を用いて，さらに遠くの恒星の距離を別の方法で測る。このような観測を繰り返して，銀河系全体の構造を知ることができる。

　天の川といえば，夏の南の空に見られる星の群れを思い描く人も多いだろう。夏の南の空，すなわちいて座付近は銀河系の中心の方向であるため，こちらの方向におびただしい数の恒星が見える。天の川自体は年中見えており，天の川の正体は銀河系の円盤部である。

POINT 2 恒星の見かけの明るさ

恒星の明るさは<u>等級</u>で表され，とくに地球から見たときの明るさを<u>見かけの等級</u>という。等級の数字が小さいほど明るい星となり，5等級違うと明るさが100倍違うように定められている。このため，<u>1等級違うときの明るさの違いは約2.5倍となる。</u>[2]

1等星はとても明るい星だが，さらに明るい星は0等星，−1等星，−2等星……のように，より小さい数字を使って表す。たとえば，太陽の見かけの等級は−26.8等である。一方，暗い星ほど等級が増し，<u>6等星になると肉眼でやっと見える程度の暗さになる</u>[3]。

[2] 2.5を5乗すると，およそ100になる。

[3] 天王星の見かけの等級は約6等なので，光害のない澄んだ空なら見える可能性がある。一方，海王星の見かけの等級は約8等なので，肉眼で見るのは難しい。

EXERCISE 3

こと座のベガやこぐま座にある北極星は，太陽系の比較的近くにある恒星である。ベガを0等星，北極星を2等星とすれば，ベガの明るさは北極星の明るさの何倍程度になるか，次の①〜④のうちから一つ選べ。ただし，1等級の差で明るさは2.5倍になるものとする。

① 5倍　　② 6倍　　③ 7倍　　④ 8倍

[解答]　②

[解説]　ベガは北極星よりも2等級小さい。1等級小さくなると明るさが2.5倍になるならば，2等級小さくなると明るさは2.5の2乗，つまり2.5×2.5＝6.25倍になることがわかる。これに最も近い選択肢は②の6倍である。

　数個から数十個の銀河が集まったものを銀河群，数百〜数千個の銀河が集まったものを銀河団という。太陽系が属する銀河系や，地球から肉眼で見ることができるアンドロメダ銀河など，数十個の銀河が局部銀河群とよばれる銀河群に属する。局部銀河群は直径約600万光年の領域をもつ。

　銀河群や銀河団が集まってできたものを，超銀河団という。局部銀河群や，その近くにあるおとめ座銀河団は，局部超銀河団（おとめ座超銀河団）とよばれる超銀河団に属する。

　銀河は宇宙で一様に分布しているのではなく，互いに連なって網目状の構造（泡構造）をつくっている。この構造を宇宙の大規模構造といい，現在わかっている宇宙で最も大きな構造である（図2）。

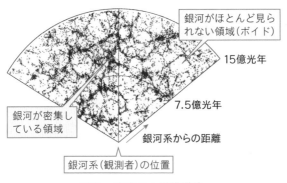

図2　宇宙の大規模構造

宇宙の広い範囲で銀河の分布を調べた図である。銀河がほとんど存在しない領域は超空洞（ボイド）とよばれている。

 SUMMARY & CHECK

☑ 銀河系：太陽系が属している銀河。次の構造をもつ

　バルジ…銀河系の中心で恒星が密集して膨らんでいる部分

　円盤部（ディスク）…直径約10万光年。散開星団が多く存在

　ハロー…直径約15万光年。球状星団が多く存在

☑ 等級：恒星の明るさを表す。数字が1小さくなると約2.5倍明るくなる

☑ 宇宙の構造を大きい順に並べると，

　宇宙の大規模構造＞超銀河団＞銀河団＞銀河群＞銀河

THEME 21　太陽系の構造とその誕生

🏛 **GUIDANCE**　星の材料は，かつて星だった物質である。太陽系の構造を知るためには，まず，太陽系の成り立ちを知ることが鍵（かぎ）となる。銀河系の片隅で収縮しながら生まれた太陽のまわりに，惑星たちは成長していったのである。

POINT 1　太陽系の構造

　私たちが住む地球は，<u>太陽系</u>の惑星の一つである。太陽系の惑星は 8 つあり，<u>太陽</u>から近い順に，<u>水星</u>，<u>金星</u>，<u>地球</u>，<u>火星</u>，<u>木星</u>，<u>土星</u>，<u>天王星</u>，<u>海王星</u>となっている。太陽系には太陽と惑星のほかに，衛星や小惑星，太陽系外縁天体，彗星などがある。

　太陽系の 8 つの惑星は，ほぼ同じ平面上を，太陽を中心とする円に近い軌道で公転している（図1）。公転の向きは，すべて太陽の自転の向きと同じである。地球と太陽との間の平均距離は約 1.5 億 km で，この長さを 1 天文単位→■，または 1au とよぶ。

■ 天文単位は，太陽系内部での天体間の距離を表すときに便利である。たとえば，太陽系の惑星の中で最も外側を公転する海王星と太陽との間の平均距離は，約30天文単位である。

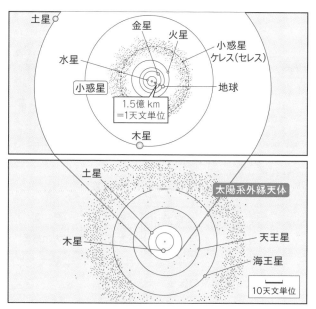

図1　太陽系の構造
太陽を中心とする同心円は，それぞれの天体の大まかな公転軌道を表す。

宇宙空間には，水素とヘリウムを主成分とする気体(星間ガス)や，星間塵とよばれる固体の微粒子が存在する。星間ガスと星間塵をまとめて星間物質という。また，星間物質の濃度が周囲より濃い領域を星間雲という。太陽系はこのような星間雲から誕生した。

今から約46億年前，星間雲が自らの重力によって収縮し，中心部に原始太陽ができた。原始太陽に取り込まれなかった星間物質は，回転しながら円盤状に集積した。これを原始太陽系円盤という。原始太陽系円盤の中では星間物質が吸着や合体を繰り返し，100万年程度の間に直径10km程度の微惑星が形成された。その後，微惑星が衝突や合体を繰り返し，直径が1000km以上の原始惑星になった。さらに，原始惑星が互いに衝突して成長し，最終的に現在の太陽系の惑星が誕生した(図2)。

2 星間雲のうち，付近の星の光で輝くものを散光星雲といい，背後の星の光を遮っているものを暗黒星雲という。

3 原始星(→p.131)の段階にある太陽のことを，原始太陽という。

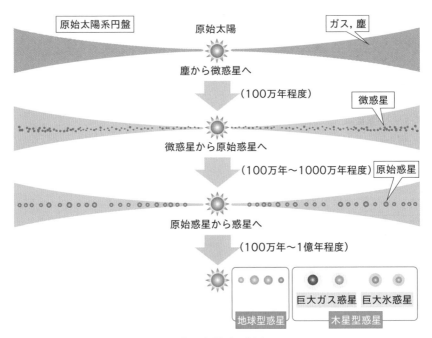

図2　太陽系の誕生

POINT 3 太陽系での惑星の形成

　太陽系で惑星が形成されるとき，原始太陽からの距離によって，性質が異なる2種類の惑星ができた。一つは<u>地球型惑星</u>で，もう一つは<u>木星型惑星</u>である。地球型惑星には水星，金星，地球，火星の4つがあり，木星型惑星には木星，土星，天王星，海王星の4つがある。

　地球型惑星は原始太陽から比較的近いところで形成されたので，原始太陽の熱で水が気体になって吹き飛ばされてしまい，岩石のような固体の成分が惑星をつくる主な材料となった。また，形成された後に内部がとけて金属が分離し，高密度な金属が中心に沈んでいった。この結果，地球型惑星はいずれも，惑星の表面から順に地殻，マントル，核という層構造を示している（図3左）。

　木星型惑星は原始太陽から比較的遠いところで形成されたので，水が氷として存在し，岩石だけでなく氷も惑星をつくる主な材料となった。このため，地球型惑星に比べて非常に大きい原始惑星となった。さらに，惑星の重力によって周囲の星間ガスを引き付けたことで，表面に水素やヘリウムなどの気体成分を大量に取り込み，大質量の惑星となった。木星型惑星の内部には高圧で液体となった水素の層や，金属のような性質をもつ水素の層があり，中心部には岩石と氷でできた核があると考えられている（図3右）。

　木星型惑星はさらに，<u>巨大ガス惑星</u>と<u>巨大氷惑星</u>の2種類に区別されることがある。木星と土星は巨大ガス惑星であり，水素やヘリウムからなる大気が多量に存在する。一方，天王星と海王星は巨大氷惑星であり，内部に厚い氷の層がある。

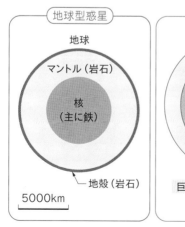
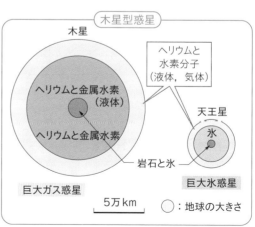

図3　地球型惑星と木星型惑星の内部構造

EXERCISE 4

次の図は，生まれたばかりの太陽系と現在の太陽系を，それぞれ公転軌道面の横から見たときの模式図である。図の灰色の部分は原始太陽系円盤の広がりを示している。図内のア〜エに入る語句の組合せとして最も適当なものを，後の①〜④のうちから一つ選べ。

	ア	イ	ウ	エ
①	岩石	氷	地球	木星
②	岩石	氷	木星	地球
③	氷	岩石	地球	木星
④	氷	岩石	木星	地球

解答 ①

解説 原始太陽に近いところでは，気体成分が乏しい状態であったとされる。また，太陽の熱で氷も気化して逸脱し，惑星の材料となったのは主に岩石であった。太陽から遠いところにはガスや岩石・氷が豊富にあったため，大きな惑星へと成長した。その結果，太陽から近い領域に地球型惑星，遠い領域に木星型惑星が形成された。木星型惑星は，大量のガスをもつ巨大ガス惑星（木星・土星）と，氷の層をもつ巨大氷惑星（天王星・海王星）とに分けられる。

😊 SUMMARY & CHECK

☑ 太陽系：約46億年前に星間雲から誕生
☑ 太陽系の惑星：地球型惑星と木星型惑星に分類される
　　地球型惑星…太陽から近い順に，水星，金星，地球，火星
　　木星型惑星…太陽から近い順に，木星，土星，天王星，海王星

太陽の一生

🏛 **GUIDANCE**　太陽は星間雲から生まれ，小さく成長し，球状になった。これが原始星。さらに原始星は小さく成長し，やがて核融合をする「安定期」に入る。現在の太陽はその段階である。長い時間の後，太陽はまた，星間物質へと還っていくのだろう。

POINT 1　太陽の誕生と進化

太陽のような恒星は，星間雲（→ p. 128）が自らの重力によって収縮することで誕生する。誕生初期の恒星のことを<u>原始星</u>という。原始星の段階にある太陽，すなわち原始太陽が誕生したのは約46億年前のことであった。

原始太陽の中心温度は現在よりも低く，約100万 K しかなかったので，核融合反応は起きていなかった。原始太陽ができてから約3000万年が経過すると，重力による収縮が進み，中心部の温度が約1400万 K まで上昇した。その結果，太陽で水素の核融合反応（→ p. 137）が始まり，エネルギーが発生するようになった。水素の核融合反応が始まると収縮が止まり，太陽は安定して輝き始めた。このように，水素の核融合反応が始まって安定して輝いている状態の恒星を<u>主系列星</u>という。

現在の太陽は，主系列星として水素の核融合反応を続けている。核融合反応を続けるうちは，放出したエネルギーで高温が保たれる。同時に，中心部で水素が消費されヘリウムが溜まっていく。

POINT 2　太陽の終末

今から約50億年後[1]，太陽の中心部では水素が消費し尽くされて核融合反応が止まると予測されている。ヘリウムだけになった中心部は重力によって収縮するが，このとき水素の核融合反応が中心核の外側で起こるようになる。この結果，太陽は急激に膨張し，半径が現在の100倍以上になる。このように膨張した恒星を<u>赤色巨星</u>という。主系列星から赤色巨星になった太陽は，表面積が増える一方，表面温度が現在の約6000 K から約3000 K に下がる。

[1] 恒星が水素の核融合反応を続け，主系列星でいられる期間は，恒星の質量から見積もることができる。一般に，恒星の質量が大きいほど，主系列星でいられる期間は短くなる。質量が大きいほど，水素が消費される速度も大きいためである。

中心部に溜まったヘリウムがさらに収縮を続け，中心部の温度がさらに上昇すると，ヘリウムが核融合反応を起こし，炭素や酸素に変わる。その後，太陽は自分の重力でガスをとらえられなくなり，外層のガスが宇宙空間に放出される。このガスは中心に残った星からの紫外線によって輝き，惑星状星雲とよばれる天体になる。中心に残った星は，地球程度の大きさで密度が高い星となる。このような星を白色矮星という。白色矮星ではもはや核融合反応は起こらないので，しだいに冷えていき，暗くなっていく。

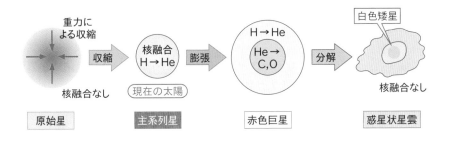

図1　太陽の一生

さまざまな恒星の終末
PLUS

　恒星の終末は，恒星の質量によって異なる。質量が太陽と同程度〜8倍程度の恒星は，太陽と同様に，赤色巨星を経て惑星状星雲と白色矮星になる。一方，太陽の8倍程度よりも大きい質量をもつ恒星では，中心部の炭素や酸素がさらに核融合反応を起こし，ケイ素やマグネシウム，鉄といった元素が生成される。この核融合反応が終わると大爆発（超新星爆発）を起こし，元の恒星より極めて明るい超新星として観測される。超新星爆発の後，中心部には中性子星とよばれる高密度の星ができるが，元の質量がとくに大きい恒星では，ブラックホールとなることがある。ブラックホールの重力は極めて強く，光さえ脱出できない。

EXERCISE 5

次のア～エに入る語句を後の**語群**から選んで答えよ。

| ア |が収縮することで原始太陽ができ，さらに収縮して水素の核融合反応が始まることで，太陽は| イ |星になった。今から約50億年後，太陽は中心部の水素を消費し尽くすことで急激に膨張し，| ウ |星になると考えられている。その後，中心部でヘリウムが核融合反応を起こして炭素や酸素に変わると，外層のガスが放出されて惑星状星雲になり，その中心には地球程度の大きさで密度が高い| エ |星が残る。

語群：中性子　星間雲　星団　白色矮　主系列　赤色巨　超新

解答　ア：星間雲　イ：主系列　ウ：赤色巨　エ：白色矮

解説　原始星の段階の太陽である原始太陽は，質量や組成は現在の太陽と大きくは変わらないが，直径はずいぶん大きかったとされる。原始太陽はさらに収縮し，やがて中心部で水素の核融合反応が始まり，主系列星となった。太陽はこれまで約46億年間，主系列星として輝き続けてきたが，あと約50億年経つと膨張して赤色巨星となり，最終的には惑星状星雲と白色矮星になって一生を終える。なお，惑星状星雲に含まれる星間物質は再び集まって星間雲をつくり，そこから新たな恒星が生まれるのである。

SUMMARY & CHECK

☑ 太陽の一生：
　星間雲→原始星→主系列星→赤色巨星→惑星状星雲と白色矮星
☑ 現在の太陽は主系列星
☑ 今から約50億年後，太陽は中心部の水素を消費し尽くして核融合反応が外側で起こるようになり，赤色巨星へと変化する

THEME
23 太陽の構造とその活動

GUIDANCE　太陽は明るく輝いているが，それは地球から近いためである。太陽は主系列星に分類される恒星の一種で，恒星としては標準的な天体である。普通の恒星である太陽の内部では，莫大なエネルギーが生み出されている。太陽が編み出すさまざまな現象を見ていこう。

POINT 1 太陽の大きさ

　太陽は，地球に一番近い恒星である。恒星は自ら光を放つ天体のことで，宇宙空間に莫大なエネルギーを放出する。夜空に輝くほとんどの星は恒星だが，太陽系に存在する恒星は太陽だけである。太陽の半径は約70万 km で，地球の約109倍に相当し，太陽系のどの惑星よりも大きい。また，太陽の質量はおよそ 2×10^{30} kg で，地球の約33万倍にもなり，太陽系の全質量の99% 以上を占めている。

POINT 2 太陽の表面

　私たちの目に見える太陽の表面を光球という。太陽のエネルギーは，ほとんどが光球から放出されている。光球は厚さ数百 km の大気の層になっていて，温度は約 6000 K である。光球の周辺部は中心部に比べるとやや暗く見え，このことを周辺減光（周縁減光）という。これは，光球の温度が外側ほど低くなるために起こる。

　光球を詳しく見ると，粒状斑とよばれる細かい網目状の構造が見られる。粒状斑は，太陽の表面でガスが対流している様子が見えているものである。また，光球に見える黒い斑点を黒点という。黒点には強い磁場があり，太陽の中心部からのエネルギーが運ばれにくくなっている。このため，黒点の温度は約4000 K と周囲よりも低い。さらに光球では，白斑とよばれる明るい斑点が見られる。白斑は黒点とは対照的に，周囲よりも温度が数百 K 高くなっている。

■目を傷めるので，太陽を肉眼で直視してはいけない。実際に観察するときは，専用のフィルターなどを使う必要がある。

EXERCISE 6

太陽について述べた次の文のうち，正しいものに○を，誤っているものに×を付けよ。

① 太陽系の天体の質量のほとんどが太陽によるものである。
② 彩層には粒状斑が見られる。
③ 太陽よりも大きな惑星が，太陽系には存在する。

解答 ①：○ ②：× ③：×

解説 太陽質量が太陽系全体の質量に占める割合は，99％を超える。粒状斑が見られるのは光球である。最も大きな惑星である木星でさえ，太陽の大きさの10分の１程度しかない。

POINT 3 黒点の動きと太陽の自転

　太陽には活動が活発な時期と活発でない時期がある。活動が活発な時期には太陽放射（→ p. 90）が増える。太陽活動の活発さは，太陽に現れる黒点の数から推測することができる。黒点が最も多く現れる時期を黒点極大期といい，黒点が最も少ない時期を黒点極小期という。黒点極大期は太陽活動が活発になり，黒点極小期は太陽活動が弱まる。

　また，太陽の黒点を継続的に観察すると，黒点が光球上を東から西に移動する様子が見られる。このことからは，太陽が自転していることがわかる。黒点の移動の様子から太陽の自転周期を求めることができるが，その自転周期は緯度によって異なる。地球に対する太陽の自転周期は，低緯度では約27日であるのに対し，高緯度では約32日であることが知られている。これは，太陽がガスでできていることで，緯度によって自転速度が異なるためである。

2 黒点の数は，平均すると約11年の周期で増減を繰り返している。17世紀後半には黒点がほとんど見られない時期があり，この時期の地球は寒冷化していた。ただし，地球の気温変化の要因は他にもさまざまなものがあると考えられている。

　月が地球と太陽の間の位置に入り，太陽を完全に隠す現象を皆既日食という。皆既日食で光球からの光が遮られると，光球の外側に赤い大気の層が見える。この層を**彩層**という。皆既日食のときはさらに，彩層の外側に光球の2倍程度に広がった真珠色の光が見える。この正体は非常に希薄な気体の層であり，この層を**コロナ**という。コロナの温度は100万Kを超え，光球に比べてはるかに高温である。

　光球の外側に巨大な炎のような気体が見えることがある。これを**プロミネンス**(紅炎)という。プロミネンスの形や大きさはさまざまで，大きいもので高さ数十万kmに達する。プロミネンスには，彩層から噴出するように見えたり，コロナに浮かんでいるように見えたりするものがある。

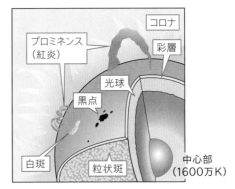

図1　太陽の姿

EXERCISE 7

　次のア〜ウに入る語句を後の**語群**から選んで答えよ。
　太陽の光を出している表面層を　ア　といい，　ア　の外側にある赤い大気の層は　イ　とよばれる。さらにその外側には，　ウ　とよばれる高温で希薄な層がある。
　語群：フレア　プロミネンス　光球　コロナ　彩層　転移層

....

解答　ア：光球　イ：彩層　ウ：コロナ

解説　太陽からの光は，光球から出ていると思って差し支えない。光球の上空には彩層がある。彩層の厚さは，太陽の半径約70万kmからすれば薄いといえる。さらに上には超高温のコロナがある。太陽活動の周期によって，太陽を覆って見えるコロナの形状や大きさも変わる。

POINT 5　太陽のスペクトル

　太陽光をプリズムに通すと，プリズムから出てきた光がさまざまな色に分かれて見える（図2）。これは，太陽光に含まれる可視光線が，波長（→ p.90）の違いによって分解されたためである。光を波長の違いによって分解したものを**スペクトル**という。

　太陽のスペクトルを詳しく調べると，連続したスペクトルの中に多数の暗線（暗い線）が見られる。暗線は，太陽から放出される光が太陽の大気を通過するときに，太陽の大気に含まれる原子やイオンが固有の波長の光を吸収することによって生じる。こうした性質から，この暗線のことを**吸収線**という。また，太陽の暗線を研究した人の名前をとって**フラウンホーファー線**ともいう。吸収線を調べることで，太陽の大気中に存在する元素の組成を知ることができる。

　太陽を構成する元素は，原子数の比で水素が最も多く約92％を占めていて，ヘリウムが約8％である。その他の元素はすべて足し合わせても約0.1％にすぎない。

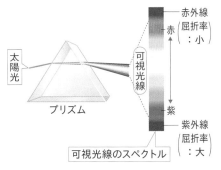

図2　プリズムによる光の分解

分解された可視光線の色と波長には関係があり，波長が短いものは紫色に，波長が長いものは赤色に見える。

POINT 6　太陽のエネルギー源

　太陽から放出されるエネルギーは，太陽の中心核で起こる水素の**核融合反応**によって生み出されている。下の図3に示すように，水素の核融合反応は，水素の原子核4個が高温・高密度の状態で合体してヘリウムの原子核1個になる反応で，この反応と同時に莫大なエネルギーが放出される。太陽の中心核では1秒につき約6000億kgの水素が核融合反応を起こしている。

図3　水素の核融合反応

次のア〜ウに入る語句を後の**語群**から選んで答えよ。

太陽内部で生じた電磁波は，太陽内部や表面で物質による吸収を受けながら宇宙空間へ放出される。地球上の観測者が太陽光を分光器（プリズムを内蔵した装置）で観測すると，単色に見えた太陽光が　ア　となって見える。これは，光がプリズムによって　イ　別に分かれた結果である。　ア　をよく見ると黒い線がたくさん見える。これを　ウ　という。　ウ　を調べることで，太陽に存在する物質の種類と存在量がわかる。

語群：赤方偏移　スペクトル　年周視差　波長　強度

輝線　吸収線　黒体

....

解答　ア：スペクトル　イ：波長　ウ：吸収線

解説　太陽の光は，それほど色が付いているようには見えない。これは，さまざまな波長の光が合わさっているためである。太陽光をプリズムに通すと，1色に見えた光はカラフルな光の帯となって見える。これをスペクトルという。カラフルな光に分かれたのは，光の波長ごとに屈折率（光の屈折の程度）が異なるためである。太陽の連続したスペクトルの中には多数の暗線が見える。これは，太陽の大気中に存在する物質が，その物質固有の波長の光を吸収したために生じるもので，吸収線（フラウンホーファー線）という。こうして，太陽を構成する物質の種類と存在量を知ることができる。なお，スペクトルの中でとくに強度の強い波長の部分を輝線という。

POINT 7　太陽風とフレア

太陽の表面からは，荷電粒子（水素の原子核や電子など）が秒速数百 km もの速さで常に放出されている。この流れを<u>太陽風</u>という。太陽風は，彗星の尾を変形させたり，惑星の大気に影響を及ぼしたりする。

太陽の彩層やコロナの一部が突然明るくなる現象を<u>フレア</u>という。フレアに伴って放射されるX線や紫外線によって，地球の短波無線に通信障害が発生することがある。この現象を<u>デリンジャー現象</u>という。また，フレアが起こると太陽風が強まり，オーロラ（→ p.86）の活動が活発になることがある。

PLUS　地球の磁気圏

　地球はいわば巨大な磁石になっていて、この磁石による力がはたらく空間（磁場）を磁気圏という。磁気圏は地球のまわりを取り囲むように存在し、太陽風によって太陽とは反対側に引き延ばされている。太陽風によって地球に向けて放出される荷電粒子には生命に悪影響を及ぼすものがあるが、磁気圏によって進路を曲げられ、地球のまわりを避けて通る。地球の磁気圏は、生命を太陽風から守る役割を果たしているのである。

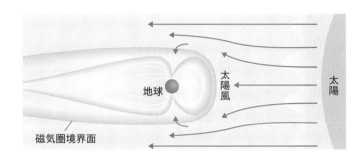

SUMMARY & CHECK

☑ 太陽は太陽系で唯一の<u>恒星</u>であり、太陽系で最大の天体

☑ <u>光球</u>：私たちの目に見える太陽の表面。<u>粒状斑</u>、<u>黒点</u>、<u>白斑</u>が見られる
　→光球の温度は約 6000 K だが、黒点は約 4000 K と低め
　→黒点の移動の様子から、太陽の自転周期が求められる

☑ 光球の外側には、<u>彩層</u>（赤い大気の層）や<u>コロナ</u>（真珠色で希薄な気体の層）、<u>プロミネンス</u>（紅炎）が見られる

☑ 太陽の<u>スペクトル</u>から、太陽の大気の組成がわかる

☑ <u>太陽風</u>：太陽の表面から高速に放出されている荷電粒子の流れ

☑ <u>フレア</u>：彩層やコロナの一部が突然明るくなる現象
　→X 線や紫外線が強まり、<u>デリンジャー現象</u>（通信障害）の原因になる

THEME
24　地球型惑星

📖 **GUIDANCE**　天文学の進歩は，観測手段の進歩と言い換えることができる。現在までに，太陽系の諸惑星には多くの探査機が送られてきた。その結果，我らが地球以外はまるで地獄のような環境であることが明らかになってきた。"地獄"を覗いてみようではないか。

POINT 1　水星

　水星は，半径・質量ともに，太陽系の惑星の中で最小である。自転周期は2か月近くに達する。質量が小さいので重力が小さく，大気分子を引き留められないため，大気はほとんどない。また，自転周期が長く，大気による熱輸送も温室効果(→ p.95)もないので，昼側は約400℃，夜側は約−170℃と温度差が大きい。

　水星には月と同様，クレーターが多数見られる。大気がほとんどないため，隕石が直接落下し，できたクレーターが風化されにくいからである。

POINT 2　金星

　金星は，半径・質量・密度・鉱物組成が地球と類似している唯一の惑星である。90気圧を超える二酸化炭素主体の大気をもち，その温室効果によって表面温度が約460℃にも達する。このため，液体の水は表面には存在しない。表面には，火山活動でできた地形が見られる。金星は硫酸でできた雲で覆われているが，硫酸のもとになった物質は火山活動で放出されたと考えられている。

　金星の自転はかなり遅く，周期は8か月程度である。太陽系の惑星で唯一，自転の向きが公転の向きと逆である。

POINT 3　地球とハビタブルゾーン

　地球の平均気温は約15℃であり，昼夜の温度差が比較的小さい。表面積の約70%は海洋，すなわち液体の水で覆われている。また，自転軸が公転面に垂直な方向に対し23.4°ほど傾いているため，公転に伴って季節が変化する。

　地球は太陽系で唯一，生命の存在が確認されている惑星である。では，なぜ地球で生命が誕生し，現在まで生息し続けることができたのだろうか。その代表的な要因を3つ挙げる。

①太陽からほどよい距離にあったこと

　太陽系の惑星の表面温度は，太陽からの距離に影響を受ける。太陽に近すぎると大気中の水蒸気が液体の水にならず，海洋が存在できない。太陽から遠すぎると水は氷となるので，やはり海洋は存在できない。地球は水が液体として存在できるほどよい距離にあったために，海洋を保つことができた。このように，水が液体として存在できる領域を，「生命が生息できる領域」という意味で<u>ハビタブルゾーン</u>という。太陽系のハビタブルゾーンは，太陽からおよそ0.95〜1.4天文単位にある帯状の領域と考えられており，この範囲に存在する太陽系の惑星は地球だけである。

　太陽以外の恒星にも，その恒星が放出するエネルギーに応じてそれぞれのハビタブルゾーンがある。近年，多数の<u>系外惑星</u>[1]が発見されているが，とくにハビタブルゾーンの範囲に存在する系外惑星には，生命が存在する可能性がある。

■[1]太陽以外の恒星のまわりを公転する惑星を，系外惑星という。

②十分な質量をもっていたこと

　惑星の表面に大気や水を留めておくには，惑星の質量がある程度大きい必要がある。惑星の質量が大きいほど，はたらく重力も大きくなるので，大気や水を表面に留めておくことができる。

③大気の成分が生物にとって都合がよかったこと

　地球の平均気温は，大気中に含まれる水蒸気や二酸化炭素による温室効果によって，約15℃に保たれている。また，地球の大気の成層圏にはオゾン層(→ p.84)があり，生命にとって危険な紫外線を吸収することで，地球上の生命を保護している。

POINT 4 月

　<u>月</u>は，地球がもつ唯一の<u>衛星</u>である。衛星は，惑星や小惑星のまわりを回る天体のことで，水星や金星は衛星をもたない。月の半径は地球の約4分の1で，重力は地球の約6分の1，地球との平均距離は約38万kmである。月の表面は岩石でできていて，クレーターが多く明るく見える部分は高地，クレー

ターが少なく平坦で暗く見える部分は海とよばれる。

月は，原始地球に火星程度の大きさの原始惑星が衝突し，そのときにできた破片が集まって形成されたという説があり，これを<u>ジャイアント・インパクト説</u>という。

POINT 5 火星

<u>火星</u>の半径は地球の半分程度であり，質量は地球の約10分の1程度である。金星と同様，大気の90％以上を二酸化炭素が占めるが，大気圧が地球の100分の1以下であるため温室効果は弱い。平均気温は約$-60℃$で，赤道付近では約30℃まで上昇する一方，極地方では約$-120℃$まで低下する。表面にはクレーターがあり，盾状火山などの火山地形も多く見られる。極地方には<u>極冠</u>とよばれる氷のかたまりがある。火星の極冠は，表層がドライアイス（固体の二酸化炭素）で，下層が水の氷になっている。また，火星はフォボスとダイモスという2つの小さな衛星をもつ。

火星の表面には，水が流れた跡のような地形が発見されていることから，かつては液体の水が存在し，川や海があったと考えられている。このため，生命の痕跡や生命も存在するのではないかと議論されている。

EXERCISE 9

地球型惑星について述べた次の文のうち，正しいものに○を，誤っているものに×を付けよ。
① 地球の公転の向きと逆の公転の向きをもつ惑星がある。
② 火星は二酸化炭素の温室効果で，比較的温暖である。
③ すべての地球型惑星の衛星の数を合わせると，5個未満である。
④ 表面温度は，太陽に最も近い水星が最も高い。

解答 ①：× ②：× ③：○ ④：×

解説 太陽系の惑星の公転の向きはすべて，太陽の自転の向きと同じである。火星は引力が小さく大気が薄いため，温室効果はほぼはたらかず低温である。地球型惑星のうち，地球と火星しか衛星をもたず，合計3個（地球1個＋火星2個）である。水星は最も太陽に近いが，ほとんど大気をもたないため温室効果はほぼなく，表面温度は，厚い大気が強い温室効果をもたらす金星の方が高い。

EXERCISE 10

次のア〜エに入る語句を後の**語群**から選んで答えよ。

地球で生命が生息できる理由の一つは，地球が太陽からほどよい距離にあり，液体の水(海洋)が存在できるからである。たとえば，金星は太陽までの距離が ┃ ア ┃ るので，大気中の水蒸気が液体の水にならず，海洋が存在できない。一方，火星は太陽までの距離が ┃ イ ┃ るので，水は氷となり，やはり海洋が存在できない。地球の ┃ ウ ┃ である月は，太陽からの距離は地球とほとんど変わらないが，重力が地球の約 ┃ エ ┃ しかないため，表面に大気を留めておくことができず，生命の存在には適さない。

語群：長すぎ　短すぎ　恒星　衛星　彗星　2分の1　6分の1

───

解答　ア：短すぎ　イ：長すぎ　ウ：衛星　エ：6分の1

解説　金星や火星の大気にも，形成初期には水蒸気が存在した。ただし，金星は地球よりも太陽に近いため，太陽放射中の紫外線によって水蒸気が分解される。この結果，大気の温室効果により表面温度が約 460℃ と高く，液体の水が存在できない。一方，火星は地球よりも太陽から離れていて，大気が薄く温室効果が効かず，平均気温が約 −60℃ と低いため，水は氷となってしまう。月は地球唯一の衛星であり，地球との平均距離は約 38 万 km である。月の重力は地球の約 6 分の 1 なので，地球と異なり，表面に大気を留めておくことができない。

SUMMARY & CHECK

☑ <u>水星</u>：太陽系で最小の惑星。大気をもたず，表面にクレーターが多数
　　　　見られる
☑ <u>金星</u>：二酸化炭素の大気をもち，温室効果によって表面温度が高い(約
　　　　460℃)。
　　　　太陽系の他の惑星と自転の向きが逆
☑ <u>地球</u>：**ハビタブルゾーン**に位置し，太陽系で唯一生命が存在
☑ <u>月</u>：地球がもつ唯一の衛星。半径は地球の約 4 分の 1
☑ <u>火星</u>：二酸化炭素の大気をもつが，平均気温は低い(約 −60℃)。
　　　　半径は地球の約 2 分の 1 で，2 つの衛星をもつ

木星型惑星

🗼 **GUIDANCE** 太陽とほぼ同じ組成をもつ木星と土星。熱い太陽に比して，木星と土星自体は冷たいガスのかたまりだが，それらが抱えるたくさんの衛星には，生命を育むような環境が揃っている可能性が出てきている。一方，天王星と海王星は「氷の惑星」といえる。凍てつく宇宙の申し子である。

POINT 1 木星

木星は太陽系の惑星の中で，半径・質量が最も大きい。半径は地球の約11倍，質量は約320倍に達する。望遠鏡で木星の表面を見ると縞模様が観察できるが，これはアンモニアの雲がつくった縞である。縞のへりには大赤斑とよばれる，地球よりも大きな渦がある。また，NASA が打ち上げた無人宇宙探査機ボイジャー1号によって，1979年に環（リング）があることが発見された。

木星は，イオやエウロパなど，70個以上の衛星をもつことが知られている。イオは，硫黄を噴出する火山活動が活発である。エウロパは表面が氷で覆われているが，その下には液体の水が存在すると言われている（図1）。

■1 球体の質量は半径の3乗に比例する。仮に，木星の組成が地球と同じであれば，木星の質量は地球の$11^3 ≒ 1300$倍になると考えられる。しかし，木星は主に水素やヘリウムからできているので，半径の割に質量が小さいのである。

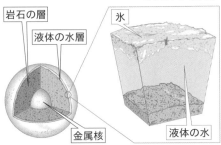

岩石の層
液体の水層
氷
金属核
液体の水

図1 衛星エウロパの表面付近の断面
地下に液体の水が存在するならば，そこに生命が存在する可能性も考えられる。

POINT 2 土星

土星は太陽系の惑星の中では木星に次いで大きい一方，平均密度は太陽系の惑星の中で最も小さい（$0.69\,\mathrm{g/cm^3}$）。また，主に氷でできた大きな環（リング）があるのが特徴的である。この環の半径は土星本体の2倍以上にもなるが，厚さは数百m程度とたいへん薄い。

土星も木星と同様に多くの衛星をもち，80個以上の衛星が発見されている。タイタンは土星がもつ最大の衛星で，惑星である水星よりも大きい。タイタンにはメタンやエタンの海があり，そこに生命が存在する可能性も考えられている。また，土星がもつ大きな衛星の一つであるエンケラドス（エンケラドゥス）では，地下から氷の粒や水蒸気が噴出していて，ここにも生命が存在する可能性が議論されている。

POINT 3 天王星

天王星は木星や土星よりは小さい惑星だが，半径は地球の約4倍，質量は約15倍である。大気の上層にメタンがあるため，表面が青緑色に見える。天王星の自転軸はほぼ横倒しになっていて，公転面に垂直な方向に対して大きく傾いている（図2）。

天王星には10本以上の環（リング）が確認されている。また，20個以上の衛星をもつことがわかっている。

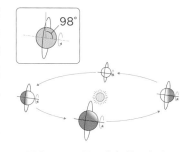

図2　天王星の自転軸の傾き
自転が反時計回りに見える側を北極とすると，天王星の自転軸は公転面に垂直な線から98°傾いている。

POINT 4 海王星

海王星は天王星とほぼ同じ大きさの惑星だが，密度が約$1.6g/cm^3$と，木星型惑星の中では最も大きい（地球型惑星に比べると小さい）。太陽系の惑星の中で太陽から最も遠く，平均の表面温度は−220℃[2]と最も低い。ただし，太陽からの距離が天王星の約1.5倍もある割には，天王星の表面温度とあまり変わらない[3]。これは，内部からの熱によって暖められているためと考えられている。また，大気中にメタンの雲がある影響で，表面が青く見える。

海王星にも他の木星型惑星と同様に，環（リング）があることがわかっている。また，10個以上の衛星をもつことが知られている。

[2] 他の木星型惑星では，平均の表面温度はおよそ次の通りである。
木星：−150℃
土星：−190℃
天王星：−210℃

[3] 太陽からの距離を天文単位（→p.127）で表すと，天王星は約19au，海王星は約30auである。このとき，海王星が受け取る太陽放射（→p.90）は天王星が受け取る太陽放射の0.4倍程度となる。このことだけを考えれば，天王星と海王星の表面温度にはより大きな差がついても不思議ではない。

THEME 24・25で学習したことを踏まえて，次の表1に地球型惑星と木星型惑星の特徴をまとめておこう。

表1　地球型惑星と木星型惑星の比較

	地球型惑星 （水星・金星・地球・火星）	木星型惑星 （木星・土星・天王星・海王星）
半径	小さい（数千km）	大きい（数万km）
質量	小さい	大きい
密度	大きい	小さい
自転周期	長い（1～243日）	短い（10～17時間）
衛星	少ない （水星と金星は0，地球は1，火星は2）	多い（10個以上）
環 （リング）	なし	あり
大気の 主成分	水星：ほぼなし 金星：二酸化炭素 地球：窒素や酸素 火星：二酸化炭素	水素やヘリウム

EXERCISE 11

木星型惑星について述べた次の文のうち，正しいものに○を，誤っているものに×を付けよ。
① 大気は，太陽と同じで主に水素とヘリウムからできている。
② 密度はいずれも地球の5分の1以上である。
③ 太陽から遠いほど，表面温度は低くなる。
④ 環（リング）をもっているのは土星のみである。

....

解答　①：○　②：×　③：○　④：×

解説　木星型惑星の大気は，いずれも水素とヘリウムが主成分である。土星の密度は地球の7分の1に満たない。木星型惑星においては，太陽から遠いほど表面温度が低くなっている。惑星探査機によって，すべての木星型惑星が環をもつことがわかっている。

EXERCISE 12

次のア～エに入る語句または数値を後の**語群**から選んで答えよ。ただし，同じ語を繰り返し用いてよい。

木星型惑星の中で，固体の表面をもつものは ア 個，公転の向きが地球と逆向きなのは イ 個である。自転周期が地球よりも短いのは ウ 個であり，木星や土星の表面には エ によって茶色く見える縞模様がある。

語群： 0 1 2 3 4 シアン メタン アンモニア

解答 ア：0 イ：0 ウ：4 エ：アンモニア

解説 木星型惑星はすべて固体の表面をもたない。また，いずれも公転の向きが地球と同じで，自転周期が24時間未満である。

木星と土星はその性質がよく似ている。中心に岩石の核，そのまわりを金属の性質を示す水素が覆い，外側は水素とヘリウムである。大気中にはアンモニアやメタンなどさまざまな微量成分を含むが，縞模様は主にアンモニアによる。

SUMMARY & CHECK

- ☑ **木星**：太陽系で最大の惑星。**大赤斑**とよばれる巨大な渦がある
- ☑ **土星**：太陽系で2番目に大きい惑星。巨大な環（リング）がある
- ☑ **天王星**：メタンの雲で表面が青緑色に見える。自転軸が横倒し
- ☑ **海王星**：メタンの雲で表面が青色に見える
- ☑ 木星型惑星はいずれも環（リング）があり，多くの衛星をもつ

THEME 26 惑星・衛星以外の太陽系の天体

GUIDANCE 探査衛星は太陽系の外を目指す。海王星の外側には太陽光はほとんど届かないが，しかし，にぎやかな世界が広がっている。変わった惑星と思われていた冥王星は，数多存在する太陽系外縁天体の"1人"に過ぎなかったのだ。

POINT 1 小惑星

太陽系には小惑星とよばれる小さな天体が多数あり，太陽のまわりを公転している。これまでに60万個以上の小惑星が発見されていて，その多くは火星と木星の間にある。地球に接近してくる小惑星も見つかっている。小惑星の直径は最も大きいケレス（セレス）でも1000km程度で，大多数は100km以下である。

小惑星は，微惑星のまま惑星に成長できなかったものや，原始惑星の破片が多いと考えられている。

1 火星と木星の間にある小惑星が多く存在する領域を，小惑星帯という。火星と木星の間に小惑星が多数存在する理由には，木星の重力のはたらきによって，原始惑星の破片の成長が妨げられたのではないかという説がある。

POINT 2 太陽系外縁天体

太陽のまわりを公転する天体のうち，海王星（→ p.145）よりも外側の軌道を公転する天体を太陽系外縁天体という。その数は直径100km以上のものだけでも1000を超える。太陽系外縁天体のうち，とくに大きくて球形のものは冥王星型天体とよばれる。冥王星型天体には，冥王星やエリスなどがある。

太陽系の外縁部には物質が少なく，主に氷でできた微惑星は大きな惑星に成長できなかった。こうした微惑星の生き残りが太陽系外縁天体だと考えられている。

2 冥王星は，かつては太陽系の惑星に含まれていた。しかし，冥王星の軌道周辺で冥王星よりも大きな天体が発見されたことで，どこまでを惑星に含めるかが議論になった。その結果，2006年に惑星の定義が新しくなり，冥王星は惑星に含めないことになった。

3 英語では Eris とつづる。小惑星の Ellis とは別物である。

EXERCISE 13

次のア～エに入る語句を後の**語群**から選んで答えよ。

現在でも，太陽系の小天体は次々と見つかっている。1992年，うお座に一つの太陽系天体が見つかった。当時は1992QB1とよばれ，それは海王星以遠に存在することが判明した。小惑星の多くは　ア　と　イ　の間に存在することが知られているため，最初，1992QB1は特殊な小惑星と考えられた。さらに観測が進むと，1992QB1と同様な天体が多数見つかるようになり，現在では冥王星や　ウ　もまとめて太陽系外縁天体と言われている。これらは，　エ　天体であると考えられている。

語群：水星　金星　地球　火星　木星　土星　ケレス　フォボス
　　　　エリス　惑星になりきれなかった　太陽系外から飛んできた

解答　ア：火星　イ：木星　（ア・イは順不同）
　　　ウ：エリス　エ：惑星になりきれなかった

解説　惑星になりきれなかった天体が海王星以遠に多数存在することは，20世紀半ばにエッジワースやカイパーらに予言されていた。1992QB1（2018年にアルビオンと名付けられた）は1992年になって最初に発見された太陽系外縁天体である。以後，多数の太陽系外縁天体が発見され，冥王星もその一種とされた。**語群**の中にあるケレスは小惑星，フォボスは火星の衛星である。

POINT 3　彗星

太陽のまわりを公転する小さな天体で，太陽に近づくと熱でガスや塵を放出するものを彗星という。彗星の公転軌道は細長い楕円形をしているものが多く，惑星の公転軌道を横切るものも多い。彗星の本体は直径数 km の氷のかたまりである。体積の80% 程度が水 H_2O の氷で，残りは砂粒のような塵，一酸化炭素や二酸化炭素の固体などからできている。右の図1に示すように，彗星が太陽に近づくと，表面の氷が昇華してコマとよばれる明るい部分をつくる。また，彗星から放出されたガスや塵が吹き流されて，

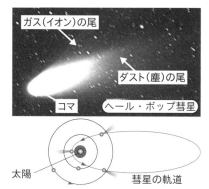

図1　彗星の構造と軌道

太陽と反対側に尾とよばれる部分をつくる。尾が伸びた姿がほうきに似ていることから，彗星はほうき星ともよばれている。

彗星の起源は，太陽系ができて間もないころの，太陽系外縁部にあった氷からなる微惑星であるという説がある。また，彗星のうち公転周期が200年以内のものを短周期彗星，それ以上のものを長周期彗星という。短周期彗星は，太陽からの距離が40〜50天文単位程度の領域にある**エッジワース・カイパーベルト**からやってくると考えられている。一方，長周期彗星は，太陽からの距離が数万天文単位の領域にある**オールトの雲**からやってくると考えられている。オールトの雲は，長周期彗星が太陽から最も離れた点（遠日点）にあるときの分布を表したもので，この分布は太陽系を取り囲む球殻状になっている（図2）。

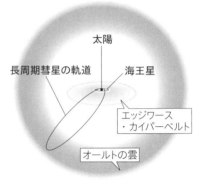

図2　エッジワース・カイパーベルトとオールトの雲

エッジワース・カイパーベルトは，太陽系外縁天体が多く分布する領域でもある。

POINT 4 隕石

宇宙空間の天体が，地球の大気中で燃え尽きずに地上に落下したものを隕石という。地球に落下する隕石の多くは小惑星の破片だが，火星や月からやってくるものもある。大きな隕石が落下すると，クレーターができることがあるほか，地球の生態系に大きな影響を及ぼす可能性がある。白亜紀末に恐竜などの生物が絶滅したのは，直径10km程度の隕石が衝突したことが原因であると考えられている（→ p. 197）。

POINT 5 流星

太陽のまわりを公転する小さな塵が地球の大気に高速で飛び込み，主に熱圏から中間圏で発光する現象のことを流星という。流星のもとになる塵は，主に彗星や小惑星から放出されたものである。

彗星が太陽に接近すると，彗星の公転軌道上に多数の塵を残すことがある。彗星の公転軌道と地球の公転軌道が重なれば，地球が交点付近を通るとき，大量の塵が地球大気に突入することになる。この結果出現する多数の流星を流星群という。流星群は毎年決まった時期に出現するものが多い。たとえば，しし座流星群（p. 151図3）は毎年11月中旬に観測できる。

図3　しし座流星群

EXERCISE 14

次のア〜エに入る語句を後の**語群**から選んで答えよ。

流星は，およそ1mm以下の小さな ア が， イ 圏から ウ 圏上部にかけて大気との摩擦で発光する現象である。流星が一貫して観測され続けているのは， エ が ア を供給しているからである。

語群：隕石　塵　星間ガス　対流　成層　中間　熱
　　　　太陽　月　彗星　地表の岩石

解答　ア：塵　イ：熱　ウ：中間　エ：彗星

解説　太陽系には，惑星や衛星などよりもさらに小さな天体がたくさんある。彗星や彗星とよく似た性質をもった小惑星が星間空間に塵（ダスト）をまき散らしながら公転している。その塵は惑星の大気に突入し，発光する。彗星は海王星以遠のエッジワース・カイパーベルトといわれるあたりや，オールトの雲を起源にもつものが多い。

SUMMARY & CHECK

☑ **小惑星**：火星と木星の間に大部分が分布
☑ **太陽系外縁天体**：海王星よりも外側の軌道に分布。冥王星，エリスなど
☑ **彗星**：太陽に近づくと熱で塵やガスを放出
☑ **隕石**：大気で燃え尽きずに地上に落下
☑ **流星**：小さな塵が熱圏から中間圏で発光

→ 解答は別冊 p. 18

1　星の形成や銀河に関する次の問い（**問 1〜3**）に答えよ。

問 1　暗黒星雲は，星間雲の一種である。星間雲に関して述べた次の文中の　ア　・　イ　に入れる語句の組合せとして最も適当なものを，下の①〜⑥のうちから一つ選べ。

星間雲を構成する星間ガスの主成分は　ア　であり，星間雲のとくに密度が大きい部分が　イ　により収縮して原始星ができる。

	ア	イ
①	水素	重力
②	水素	磁力
③	炭素	重力
④	炭素	磁力
⑤	酸素	重力
⑥	酸素	磁力

問 2　天の川銀河（銀河系）について述べた文として**誤っているもの**を，次の①〜④のうちから一つ選べ。

① 夜空に見える天の川は，多数の恒星の集まりである。
② 太陽系は，天の川銀河の円盤部内に存在する。
③ 天の川銀河の中心は，太陽系から 5 万光年以上離れている。
④ 球状星団は，天の川銀河のハロー全体に広がって分布している。

問 3　暗黒星雲が周囲に比べて暗く見える原因として最も適当なものを，次の①〜④のうちから一つ選べ。

① 星間物質が背後の天体からの光を遮っているから。
② 周囲に見える天体よりも暗黒星雲が遠方に存在するから。
③ 暗黒星雲の内部では恒星が周囲の領域より少ないから。
④ 暗黒星雲の内部では塵（星間塵）が周囲の領域より少ないから。

2 次の会話文を読み，後の問い(**問 1 ～ 3**)に答えよ。

生徒：太陽系には，どんな元素がどれくらいありますか？

先生：太陽系の元素の中で個数比の多いものから順に並べると次の表１のようになります。

生徒：元素 x とヘリウムは，他よりもずいぶんと多いですね。3 番目の元素 y は何ですか？

先生：元素 y は地球の大気で 2 番目に多い元素です。元素 z は，ダイヤモンドにもなりますし，天王星や海王星が青く見えることにも関係します。

生徒：なるほど。地球の核に含まれる元素で最も多い ア は，太陽系の中で個数比が多い上位 4 番目までの元素には入らないのですね。この元素組成の違いの原因は何でしょうか？

先生：地球の形成過程を反映しているのかもしれません。

生徒：地球は イ 誕生したのですよね。ところで， ア は，そもそもどこでつくられるのですか？

先生：太陽より質量のかなり大きい恒星でつくられることもありますし，恒星の進化の最後に起こる爆発現象でつくられることもあります。

生徒：私も将来，星の誕生や進化と元素の関係を調べてみたいと思います。

表1 太陽系の中で個数比が多い上位 4 番目までの元素
個数比はヘリウムを 1 としたときの値を示す。

元素名	個数比
x	1.2×10^1
ヘリウム	1
y	5.7×10^{-3}
z	3.2×10^{-3}

問1 前ページの会話文中の ア ・ イ に入れる語句の組合せとして最も適当なものを，次の①〜⑥のうちから一つ選べ。

	ア	イ
①	鉄	原始太陽に微惑星が衝突して
②	鉄	原始太陽のまわりのガスが自分の重力で収縮して
③	鉄	原始太陽のまわりの微惑星が衝突・合体して
④	ニッケル	原始太陽に微惑星が衝突して
⑤	ニッケル	原始太陽のまわりのガスが自分の重力で収縮して
⑥	ニッケル	原始太陽のまわりの微惑星が衝突・合体して

問2 前ページの表1のxとy，zの元素名の組合せとして最も適当なものを，次の①〜⑥のうちから一つ選べ。

	x	y	z
①	水素	酸素	炭素
②	水素	炭素	酸素
③	酸素	水素	炭素
④	酸素	炭素	水素
⑤	炭素	水素	酸素
⑥	炭素	酸素	水素

問 3 太陽系の起源や天体の化学組成などを調べるために，日本の探査機「はやぶさ 2」のように，太陽系の小天体に探査機を送り，岩石資料を地球に持ち帰り直接分析することが試みられている。太陽系の小天体の一種である小惑星の画像の例として最も適当なものを，次の①～④のうちから一つ選べ。

① ② ③ ④

---

3 太陽と宇宙の進化に関する次の問い(**問 1**・**問 2**)に答えよ。

問 1 現在の太陽は，その進化段階のうち，どれに分類されるか。最も適当なものを，次の①～④のうちから一つ選べ。

① 原始星 　　② 主系列星 　　③ 赤色巨星 　　④ 白色矮星

問2 宇宙の進化について述べた文として最も適当なものを，次の①～④のうちから一つ選べ。

① 宇宙の誕生から約3秒後までに，水素とヘリウムの原子核がつくられた。

② 宇宙の誕生から約38万年後に，水素の原子核が電子と結合した。

③ 宇宙の誕生から約45億年後に，最初の恒星が誕生した。

④ 宇宙の誕生から現在までに，約318億年経過した。

4 宇宙に関する次の問い（**問1・問2**）に答えよ。

問1 次の文章中の ア ～ ウ に入れる語句の組合せとして最も適当なものを，後の①～⑧のうちから一つ選べ。

　宇宙は，天体が集まってより大きな構造を階層的に形成している。私たちの太陽系は，約 ア 個の恒星の集団である銀河系に属している。これと同じような恒星の集団は銀河とよばれ，宇宙に数多く存在する。おおむね数十～1000個程度の銀河の集まりを イ とよぶ。銀河は宇宙に一様に分布しているわけではなく，密集したところと，まばらなところとがある。より広い範囲で見ると，銀河の空間分布は ウ 構造をつくっていて，宇宙の大規模構造とよばれている。

	ア	イ	ウ
①	1000億～2000億	バルジ	泡（網目状の）
②	1000億～2000億	バルジ	渦巻状の
③	1000億～2000億	銀河団	泡（網目状の）
④	1000億～2000億	銀河団	渦巻状の
⑤	1億～2億	バルジ	泡（網目状の）
⑥	1億～2億	バルジ	渦巻状の
⑦	1億～2億	銀河団	泡（網目状の）
⑧	1億～2億	銀河団	渦巻状の

問2 太陽放射のスペクトルに，フラウンホーファー線(暗線)が生じる理由について述べた文として最も適当なものを，次の①〜④のうちから一つ選べ。

① 太陽大気に含まれる原子やイオンなどの粒子が，特定の波長を吸収するため。

② 太陽と地球の間を月が横切る際に，月が特定の波長を吸収するため。

③ 黒点から放射される光が周囲に比べて，特定の波長で暗くなるため。

④ 周辺減光によって，太陽の縁が中央に比べて特定の波長で暗くなるため。

5 宇宙に関する次の問い(**問1〜3**)に答えよ。

問1 太陽のフレアについて述べた文として最も適当なものを，次の①〜④のうちから一つ選べ。

① フレアは，黒点数が比較的少ない太陽活動極小期に多発する。

② フレアが起こると，地球のオーロラの活動が活発になることがある。

③ フレアとは，彩層が太陽全面にわたって突然明るくなる現象である。

④ フレアで強くなった赤外線が，通信障害を引き起こすことがある。

問2 宇宙の誕生と進化について述べた次の文a・bの正誤の組合せとして最も適当なものを，下の①〜④のうちから一つ選べ。

a 宇宙は約46億年前に誕生したと考えられている。

b 高温かつ高密度で誕生した宇宙が膨張・冷却している中で銀河形成が始まり，その後，太陽系が生まれたと考えられている。

	a	b
①	正	正
②	正	誤
③	誤	正
④	誤	誤

問 3 天体の大きさや距離の関係を適切な尺度で表した模式図は，次の図 a ～ d のうちどれとどれか。その組合せとして最も適当なものを，後の①～④のうちから一つ選べ。ただし，図 b ～ d 中の点の大きさは天体の大きさを表してはいない。

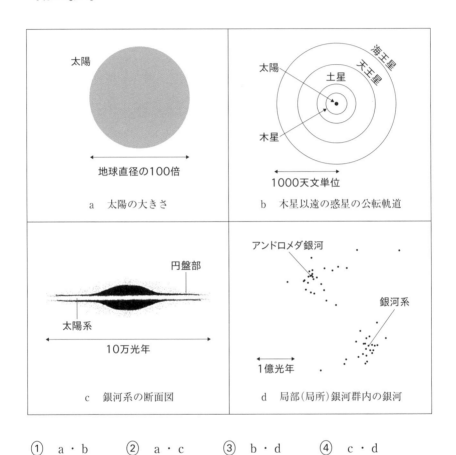

a　太陽の大きさ

b　木星以遠の惑星の公転軌道

c　銀河系の断面図

d　局部（局所）銀河群内の銀河

① a・b　　② a・c　　③ b・d　　④ c・d

CHAPTER 4

地球の歴史と変化

地層の形成

　GUIDANCE　「動かざること山のごとし」という言葉があるが，実際の地球表面は，太陽の影響や大気の存在によって絶え間なくその「顔」を変えている。地球の「表情」を読み解いていこう。

POINT 1　地層から地球の歴史を紐解く

　地表の岩石が破砕されたり分解されたりしてできた土砂などが，河川などによって運ばれ，長い年月をかけて層状に堆積したものを地層という。地球の歴史を調べるとき，地層を調べることは欠かせない。地層に含まれている化石や岩石がもつ情報を分析したり，接している地層どうしの関係を明らかにしたりすることで，遠く離れた地層との関係を類推していく(地層の対比)。こうして，地球全体の歴史を紐解くのである。

POINT 2　風化

　地表の岩石は，太陽からの光や雨風などにさらされることで，細かく砕けたり，分解されたりする。こうした岩石の変化を風化という。風化は，物理的風化(機械的風化)と化学的風化の2種類に分けられる。

　物理的風化は，岩石に物理的な力が加わって起こる風化を指す。たとえば，岩石の割れ目に入り込んだ水が凍って膨張し，割れ目を広げたり，気温の変化によって岩石をつくる鉱物が膨張・収縮したりすることで岩石が破砕される。また，岩石内の割れ目に草木の根が入り込むことで岩石の破壊が進むのも物理的風化の一例である。一般に，気温の変化が激しい乾燥地域や水の凍結・融解が繰り返される寒冷地域では，物理的風化が進行しやすい。

　化学的風化は，岩石を構成する鉱物が水に溶けたり化学反応で変化したりすることで起こる風化を指す。たとえば，石灰岩で形成された地域では，石灰岩が雨水や地下水と反応して溶け，独特な地形を形成することがある。石灰岩地域が風化・侵食(→ p.162)されてできた地形を総称してカルスト地形という(図1)。カルスト地形の代表例には，ドリーネとよ

1 水は凍結すると体積が大きくなる。このため，岩石の割れ目に入り込んだ水が凍結することで，岩石の割れ目が大きくなる。

2 岩石はさまざまな鉱物が集まってできている。鉱物は種類によって膨張・収縮する割合(膨張率)が異なるので，鉱物が膨張・収縮すると鉱物間にすき間ができる。ここに水が入り込むと，さらに岩石の破壊が進む。

ばれるすり鉢状（漏斗状）の窪地や，
地下の鍾乳洞などがある。一般に，
温暖で湿潤な地域では化学的風化が
進行しやすい。

　花こう岩が風化してできる「まさ
土」のように，物理的風化と化学
的風化の両方が関与する場合もあ
る。花こう岩は膨張率の異なる複数
の鉱物からできている。温度差に

図1　カルスト地形（秋吉台）

よって鉱物間にすき間ができると水が入り込み，水と反応した長石や雲母の一
部は細粒の粘土鉱物へと変わる。これらの粘土と風化に強い石英が混ざり合っ
て「まさ土」をつくるのである。

EXERCISE 1

　次のア〜ウに入る語句を後の**語群**から選んで答えよ。
　岩石は，　ア　の変化や岩石にしみ込んだ水の凍結で　イ　すること
によって破壊され風化する。また，雨水や　ウ　との反応によっても風
化する。

　語群：気温　気圧　収縮　膨張　地下水　地球放射

解答　ア：気温　イ：膨張　ウ：地下水

解説　岩石はさまざまな種類の鉱物からできており，鉱物によって温度変化の
際に膨張・収縮する割合が異なる。したがって，気温が大幅に変化すること
が繰り返されると，鉱物の膨張・収縮が繰り返されて岩石内部にすき間がで
きる。水（真水）は液体の状態よりも固体（氷）の状態の方が体積が大きい。し
たがって，岩石内部のすき間に入り込んだ水は凍結することで岩石を内部か
ら破壊する（物理的風化）。大気中には二酸化炭素が存在するため，雨水や地
下水は弱酸性である。これらの水が岩石と反応することで鉱物の一部が溶け
出したり，他の鉱物に変化したりする（化学的風化）。

EXERCISE 2

月面に比べて地球上はクレーターが少ない。その原因を述べた次の文のうち，正しいものに○を，誤っているものに×を付けよ。
① 大気による風化作用があるから。
② 巨大隕石が衝突したことがないから。
③ 火山活動による溶岩の流出があるから。

解答 ①：○ ②：× ③：○

解説 水星や月には多数のクレーターが見られる。これは，水星や月には大気や水がほとんど存在しないので隕石が燃え尽きずに衝突しやすく，かつ，大気による風化作用がはたらかないので，いったんできたクレーターが残りやすいためである。また，月での火山活動は確認されていない。一方，地球上では大気や河川による風化やプレートの移動による地表の変化，火山活動などにより地表が常に更新されているため，クレーターは残りにくい。

POINT 3　侵食・運搬・堆積によって地層ができる

　地表の岩石が河川の流れなどによって削られることを<u>侵食</u>という。風化や侵食によって岩石が細かく分解されたものを<u>砕屑物</u>（砕屑粒子）といい，砕屑物は大きいものから順に，<u>礫・砂・泥</u>に分類される。砕屑物は河川の流れなどによって<u>運搬</u>され，陸上の低地・湖底・海底で<u>堆積</u>して地層となる。地層は湖底や海底ではほぼ水平に堆積する。これは，地球の重力がはたらいているからである。

3粒径 2 mm 以上のものを礫，粒径 $\frac{1}{16}$ 〜2 mm のものを砂，粒径 $\frac{1}{16}$ mm 以下のものを泥という。

POINT 4　堆積物が堆積する場所

　一般的に水流が強いところでは大きな堆積物が，弱いところでは小さな堆積物が堆積する。河川を例にとると，平野の流れが速いところでは主に礫が，三角州や波浪の影響が強い海岸付近では砂が，沖合では泥が，というふうに，下流へ下るにつれて堆積する砕屑物の粒径は小さくなる（p. 163図2）。

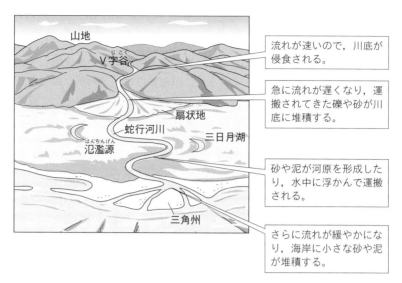

図2　河川の堆積物と地形

平野部では洪水などが起こると，河川からあふれ出した流水によって砂や泥が堆積することがある。こうした砂や泥によってできる平坦な土地を氾濫原という。

　さらに遠洋の深海底では，風で飛ばされた泥やプランクトンの遺骸からできた軟泥が堆積している。軟泥とはプランクトンの遺骸を含んだ遠洋性の柔らかく細粒の堆積物で，主に石灰質軟泥とケイ質軟泥がある。石灰質軟泥は炭酸カルシウム $CaCO_3$ を，ケイ質軟泥は二酸化ケイ素 SiO_2 を主成分とする。

POINT 5　タービダイト

　地震や洪水などが起こると，大陸棚(→ p. 16)や大陸斜面(→ p. 16)からより深いところ(海底扇状地)へ土砂と海水が混ざり合った流れができることがある。この流れは地球の重力によるもので，時速100 kmに達することもある。この流れを混濁流(乱泥流)といい，混濁流でできた堆積物をタービダイトという。タービダイトは海底だけでなく，湖底でもできる。

　タービダイトの上面には流水がつくる独特の構造が見られることが多い。混濁流が繰り返し起こると，タービダイトは何層にも重なり，砂岩(→ p. 171)と泥岩(→ p. 171)が交互に堆積した地層をつくる。

EXERCISE 3

　次の図は，ある河川の上流から下流までの地図である。上流域と下流域はそれぞれ山地と平野になっている。この地域には，三角州，扇状地，氾濫原が見られる。地図上の地点p〜tのうち，これらの地形として最も適当な位置を記号で答えよ。

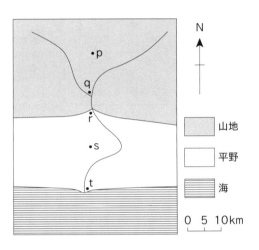

解答　三角州：t　扇状地：r　氾濫原：s

解説　三角州は文字通り三角形(デルタ)状であり，河口付近で見られる地形である。扇状地は，河川が山地から平野へ出る付近で，川の流速が一気に小さくなり，運搬されなくなった礫や砂が堆積して形成される。氾濫原は氾濫平野ともいい，川が運んできた土砂が堆積して平らになっている。

SUMMARY & CHECK

☑ 風化：物理的風化(機械的風化)と化学的風化の2種類
☑ 地層：風化や侵食によってできた砕屑物(礫・砂・泥)が，河川の流れなどによって運搬され，低地や海などに堆積してできる
☑ 河川の堆積物：下流へ下るほど堆積する砕屑物の粒径が小さくなる

THEME
28 地層と堆積構造

🏛 **GUIDANCE**　地殻変動によって，海底にあった地層でさえ観察できる場合がある。地層の構造をつぶさに見ていくと，地層がどこで，どのような環境下でできていたのかを判別できることがある。地層の過去を紐解いてみよう。

POINT 1 　地層累重の法則

同じような堆積物でできた一つの地層を<u>単層</u>[1]，単層と単層の境界を<u>層理面</u>という。地層はいくつもの単層が積み重なってできているが，通常は単層の上に新たな単層ができるため，上に重なっている単層ほど新しい。このことを<u>地層累重の法則</u>という。ただし，地層は地殻変動の影響を受けるため，水平だった地層が傾斜したり，曲がったり(褶曲)，ずれたり(断層)することで，地層の上下が逆転することもある。

[1]単層のうち，厚さ1cm以上のものを層理，1cmより薄いものを葉理ということがある。

POINT 2 　堆積構造

地層の中には，堆積したときの様子に応じてさまざまな構造が形成される。このような構造を<u>堆積構造</u>という。ここでは，代表的な堆積構造をいくつか紹介しよう。

級化層理(級化成層)

右の図1のように，下から上に向かって粒子が小さくなる堆積構造である。混濁流(乱泥流)(→ p. 163)のように，粒の大きさが異なる砕屑物が水中を移動して堆積する際に形成される。また，海底地すべりが起きた際，地すべりでできた水流は徐々に弱くなる。したがって，時間の経過に伴って粒子が小さくなる傾向にある。

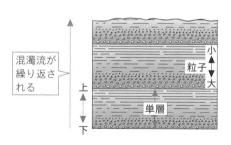

図1　級化層理

上に行くほど粒子が小さい。ペットボトルにさまざまな大きさの粒子と水を入れて振り混ぜてから立てておくと，級化層理をつくることができる。

漣痕（リプルマーク）
<ruby>漣痕<rt>れんこん</rt></ruby>（リプルマーク）

　水や空気が砂を運んでくるときに砂の表面にできる堆積構造で，波状の模様をもつ。ペットボトルに砂と水を入れ，横にして動かすとできる。

斜交葉理（クロスラミナ→[2]）

　右の図2のように，粒子が本来の層理面と斜めに交わるように堆積してできる構造である。漣痕（リプルマーク）と同様，水や空気の流れがあることでできる。

流痕

　水流が水底を削ることでできる堆積構造である。水底にできたくぼみに堆積物が堆積することで，くぼみの上位にある地層の底部に，膨らみをもった模様ができる。

生痕

　地層が堆積した当時にすんでいた生物の生活の跡が残されてできる堆積構造である。海底に掘られた生物の巣穴や，生物が這いまわった跡などがある。

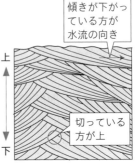

傾きが下がっている方が水流の向き

上

下

切っている方が上

図2　斜交葉理（クロスラミナ）

縞模様を切っている方が上位の地層である。水槽に砂と水を入れてホースで水を流すと，斜交葉理をつくることができる。

[2]厚さが数十cm以上のものは斜交層理とよばれる。

EXERCISE 4

次の図は，漣痕（リプルマーク）とよばれる堆積構造の写真である。この堆積構造全体について述べた後の文のうち，正しいものに○を，誤っているものに×を付けよ。

図　漣痕（リプルマーク）

① 風や水流の跡である。
② 生物の這い跡である。
③ 堆積後に強い力を受けてできたものである。
④ しばしば浅い海底で砂によって形成される。

解答　**問 2** ①：○　②：×　③：×　④：○

解説　漣痕（リプルマーク）は，俗に「波の化石」と言われている。文字通り河口や浅い海岸で水流によって形成される。水流だけではなく，砂漠など陸上でも見られる。漣痕は当時の地層表面であり，詳細に観察すると当時の流水の向きがわかる。

EXERCISE 5

次のア～ウに入る語句を後の**語群**から選んで答えよ。

次の図は，タービダイトの内部構造を模式的に示したものである。タービダイトの内部にはいくつかの堆積構造が見られる。図全体の様子から，地層の逆転は ア と判断できる。堆積構造Aと同じ構造は陸域で堆積した地層に イ 。堆積構造Aに向かって，水流は ウ へ流れたと推定される。

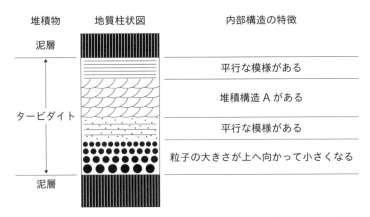

図　タービダイトの内部構造を模式的に示した地質柱状図とその特徴

語群：ある　ない　は見られない　も見られる
　　　　右から左　左から右

. . . .

解答　**ア：ない　イ：も見られる　ウ：右から左**

解説　堆積構造Aの下部に丸みがあり，タービダイトの一番下の堆積構造で粒子の大きさが上へ向かって小さくなることから，地層の逆転はないと判断できる。堆積構造Aは斜交葉理（クロスラミナ）で，砂漠のような陸上でも形成される可能性がある。また，斜交葉理は丸みを帯びている部分が右上から左下へとつながっているため，右から左へ水が流れ，その向きは図中では変化していないとわかる。

EXERCISE 6

次のア～エに入る語句を後の**語群**から選んで答えよ。

　| ア |や地震などがきっかけで大陸棚に堆積した堆積物は，大陸棚から大陸斜面を経て大洋底へと，海水と混ざり合って高速で流れ込むことがある。この現象を| イ |という。海底扇状地には| イ |によってできた堆積構造が見られ，その一つが級化層理である。級化層理は，地層の上位ほど粒径が| ウ |。これは，粒径が| エ |砕屑物が先に沈むからである。

　語群：洪水　満月　エルニーニョ現象　混濁流　タービダイト
　　　　　大きい　小さい

解答　ア：洪水　イ：混濁流　ウ：小さい　エ：大きい

解説　嵐や洪水，地震，津波などによって，いったん大陸棚付近に堆積していた堆積物は深海へと急速に流れていく。土砂と海水が混ざり合って流れる現象を混濁流（乱泥流）という。混濁流によってできた堆積物がタービダイトである。タービダイトには，流水がつくるさまざまな構造が見られる。級化層理もその一つである。大小さまざまな砕屑粒子が流れるとき，粒径が大きいほど，体積と表面積の関係で水の抵抗を受けやすく沈みやすいため，下位ほど粒径が大きい堆積構造となる。

SUMMARY & CHECK

☑ <u>地層累重の法則</u>：地層の逆転がない場合，地層は上にある地層ほど新しい

☑ <u>堆積構造</u>：堆積したときの様子を知る手がかりとなる

　→<u>級化層理</u>（<u>級化成層</u>），<u>漣痕</u>（<u>リプルマーク</u>），
　　<u>斜交葉理</u>（<u>クロスラミナ</u>），<u>流痕</u>，<u>生痕</u>など

堆積岩

GUIDANCE　自然界の分類を知ることは，自然界の仕組みを知ることへの第一歩である。堆積岩の分類を中心に，どこでできたのか，何からできているのか（化学的側面），どのような大きさの粒子からできているのか（物理的側面）を知ろう。

POINT 1　堆積岩

　湖底や海底の堆積物は，堆積直後は水を含んでいて柔らかい。その上に次々と新たな堆積物が重なると，その重みで水が押し出されて粒子の間隔が狭くなる。水中には炭酸カルシウム $CaCO_3$ や二酸化ケイ素 SiO_2 などが溶けていて，これらからなる鉱物が粒子のすき間に沈殿し，長い時間をかけて粒子どうしを固結する。その結果，堆積物は硬い岩石へと変化する（図1）。こうした，堆積物が岩石になっていく過程を<u>続成作用</u>といい，続成作用によってできた岩石を<u>堆積岩</u>という。

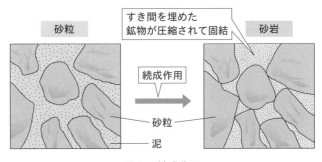

図1　続成作用

POINT 2　堆積岩の種類

　堆積岩は，その構成する物質やでき方によって，砕屑岩，火山砕屑岩（火砕岩），生物岩，化学岩の4種類に大別される（p. 172表1）。

砕屑岩

砕屑物（→ p.162）が固結してできた堆積岩である。砕屑岩は構成する粒子が大きい順に，礫岩・砂岩・泥岩に分けられる。主に礫からできた砕屑岩が礫岩，主に砂からできた砕屑岩が砂岩，主に泥からできた砕屑岩が泥岩である。

■泥岩のうち，泥の直径が$\frac{1}{256}$mm 以上のものをシルト岩，それ未満のものを粘土岩と分類することがある。

礫岩を構成する粒子は肉眼ではっきり確認できるものが多い。岩石表面の凹凸がはっきりしている傾向にある。砂岩はざらざらとした手触りであることが多く，泥岩はなめらかな手触りであることが多い。砕屑岩の手触りや色は，風化の進み方によっても変わってくる。

火山砕屑岩（火砕岩）

火山砕屑物（→ p.59）が固結してできた堆積岩である。火山砕屑岩には，火山灰が固まってできた凝灰岩や，火山灰に火山岩塊を含んで固まってできた凝灰角礫岩（火山角礫岩）などがある。砕屑岩と異なり構成粒子が角張っているものが多い。

生物岩

生物の遺骸が固結してできた堆積岩である。たとえば，炭酸カルシウム $CaCO_3$ の殻や骨格をもつサンゴ・貝・フズリナ・石灰藻などの遺骸からは石灰岩とよばれる生物岩ができる。また，二酸化ケイ素 SiO_2 の殻や骨格をもつ放散虫・ケイ藻などの遺骸からは，チャートとよばれる生物岩ができる。

化学岩

水に溶解していた物質が沈殿してできた堆積岩である。乾燥地域では，湖や内海が干上がって，溶解していた物質が沈殿して堆積岩ができることがある。このようにしてできた化学岩には，塩化ナトリウム $NaCl$ を主成分とする岩塩や，硫酸カルシウム $CaSO_4$ を主成分とする石膏などがある。また，石灰岩やチャートは必ずしも生物が起源とは限らず，水に含まれていた炭酸カルシウム $CaCO_3$ や二酸化ケイ素 SiO_2 が沈殿してできたものもある。このようにしてできた石灰岩やチャートも，化学岩の一種である。

■岩塩や石膏は水が蒸発してできるため，蒸発岩とよばれることもある。

表1　主な堆積岩の分類

種類	堆積物	堆積岩
砕屑岩	礫（粒径 2mm 以上）	礫岩
	砂（粒径 $\frac{1}{16}$〜2mm）	砂岩
	泥（粒径 $\frac{1}{16}$ mm 以下）	泥岩
火山砕屑岩 （火砕岩）	火山灰 火山灰と火山岩塊	凝灰岩 凝灰角礫岩（火山角礫岩）
生物岩	サンゴやフズリナなどの遺骸 放散虫やケイ藻などの遺骸	石灰岩 チャート
化学岩	塩化ナトリウム NaCl を主成分とする 硫酸カルシウム CaSO₄ を主成分とする	岩塩 石膏

POINT 3　堆積岩の調べ方

　石灰岩はうすい塩酸やレモン汁に反応して二酸化炭素の泡を出す。また，比較的柔らかいために鉄釘で傷が付く。チャートは緻密で硬い。チャートの主成分である SiO_2 は無色であるが，不純物によって赤や緑などさまざまな色を呈する。凝灰岩は孔が開いていて密度が小さいものが多い。

　岩石をハンマーで割って調べるときは，周囲に人がいないことを確認して，ハンマーの平たい部分で割る。塩酸など薬品を用いるときも目に入らないように気を付けよう。

EXERCISE 7

　次のア・イに入る語句を答えよ。
　堆積岩には，生物の遺骸からなる生物岩，水に溶けている成分が水の蒸発などにより　ア　してできた化学岩，岩石や鉱物の破片からできた　イ　岩，そして火山砕屑物からできた火山砕屑岩（火砕岩）がある。

‥‥‥‥‥‥‥‥‥‥‥‥‥‥‥‥‥‥‥‥‥‥‥‥‥‥‥‥‥‥‥‥‥‥

解答　ア：沈殿　イ：砕屑

解説　堆積岩は構成物質により，砕屑岩，火山砕屑岩，生物岩，化学岩に分類される。文字通り生物の遺骸からできているのが生物岩，水に溶解していた物質が沈殿してできているのが化学岩である。また，風化作用で砕けてできた砕屑物が集まったのが砕屑岩，火山噴出物の一種からできているのが火山砕屑岩（火砕岩）である。

EXERCISE 8

次のア～ウで述べた特徴に最も当てはまる岩石を，後の**語群**からそれぞれ一つずつ選べ。

ア　主に粒径が $\frac{1}{16}$ mm 以下の丸い粒子から構成されていて，手触りは比較的なめらかである。とりわけ硬いものは，濃い灰色っぽいものが多い。

イ　二酸化ケイ素が主成分であり，硬く緻密で，傷つきにくい。かつては「火打ち石」としても用いられた。

ウ　火山灰が主成分であり，色はさまざまで，多孔質であるものが多い。粒子は角張っている。柔らかく加工しやすい。

語群：礫岩　砂岩　泥岩　石灰岩　チャート　石炭　凝灰岩　岩塩

解答　ア：泥岩　イ：チャート　ウ：凝灰岩

解説　砕屑岩を構成する粒子は，流水による運搬を経ているため丸みを帯びている。砕屑岩には礫岩・砂岩・泥岩があるが，このうち構成粒子の粒径が $\frac{1}{16}$ mm 以下のものは泥岩に分類される。よって，アに当てはまるのは泥岩である。ゴツゴツした礫岩やざらざらした砂岩に比べれば，泥岩はなめらかな手触りである。さまざまな色を呈するが，硯（すずり）に用いられるような硬い泥岩は暗い灰色のものが多い。

　二酸化ケイ素が主成分であることから，イにはチャートが当てはまる。チャートは硬く緻密で，釘やハンマーではなかなか傷が付かない。また，火山灰が主成分であることから，ウには凝灰岩が当てはまる。凝灰岩の構成粒子は角張っているものが多い。凝灰岩には多孔質のものもあれば緻密なものもあり，加工しやすいため「大谷石（おおやいし）」のように石材に用いられることも多い。

SUMMARY & CHECK

☑ <u>堆積岩</u>：堆積物が<u>続成作用</u>によって固まってできた岩石
☑ <u>砕屑岩</u>：砕屑物（礫・砂・泥）からできた堆積岩
☑ <u>火山砕屑岩（火砕岩）</u>：火山砕屑物からできた堆積岩。凝灰岩など
☑ <u>生物岩</u>：生物の遺骸からできた堆積岩。石灰岩，チャートなど
☑ <u>化学岩</u>：水に溶解していた物質が沈殿してできた堆積岩

THEME
30 地層からわかる情報

GUIDANCE 古来，人は山の中で海洋生物の「遺骸」が見つかることを知っていた。「天狗の仕業」のような形容をしていたそうだが，現代に生きる我々は，地層の様子や見つかった化石から，地球環境の変遷を紐解こうとするのである。

POINT 1 地層や岩体の層序関係

地層や岩体どうしが接しているとき，接している様子から，どちらが先にできたのかがわかることがある。これを，地層や岩体の層序関係（新旧関係）という（図1）。接している地層や岩体どうしの関係には，断層・褶曲（→ p. 39）・貫入・整合・不整合がある。これらを調べることで，地層や岩体の層序関係を知ることができる。

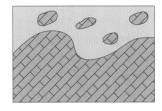

図1 層序関係の例
この図は，紫色の地層が灰色の岩体を包み込んでいることを示している。包み込むものは包み込まれるものより新しいと推測できる。

POINT 2 整合・不整合

連続的に積み重なった地層の関係を<u>整合</u>という。一方，上下の地層の間に時間的なギャップがあることを<u>不整合</u>といい，その境界面を<u>不整合面</u>という。不整合は，地殻変動や海面の高さの変化などによって生じる。たとえば，水中で形成された地層が隆起して陸となり，侵食を受けた後，再び海底に没して堆積が進むと，下位の地層と上位の地層が堆積した時代に時間的なギャップが生じ，不整合となる。不整合面の直上，つまり上位の地層の底部には，下位の地層が侵食された際に生じた礫が含まれることがある（図2）。このような礫を基底礫岩という。

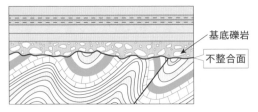

基底礫岩
不整合面

図2 不整合である地層の模式図
この図のように，下位の地層と上位の地層が平行でない不整合を傾斜不整合という（平行の場合は平行不整合という）。傾斜不整合では，下位の地層が地殻変動により傾斜してから，侵食を受けたことがわかる。

EXERCISE 9

次のア～エに入る語句を後の**語群**から選んで答えよ。

地層はほぼ ア に堆積することが多いが，堆積後に強い力を受けて変形することがある。水平方向の力を受けて波状に変形した構造を イ といい，下の図のような形となったものをとりわけ ウ という。図の地層において逆転がないとすれば，地点Aから地点Bへと歩いて観察すると， エ の順に地層が観察される。

語群：水平　垂直　褶曲　断層　向斜　背斜
　　　　古い→新しい→古い　新しい→古い→新しい

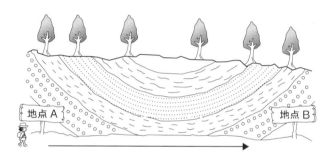

解答　ア：水平　イ：褶曲　ウ：向斜　エ：古い→新しい→古い

解説　プレートの移動に伴う圧縮の力で徐々に地層が変形すると，褶曲ができることがある（褶曲の成因は他にもある）。層理面が下に出っ張っている形が向斜である。地層累重の法則より，逆転がない限り下位ほど地層は古い。図において地点Aから地点Bに向かうと，より上位の新しい地層がいったん見え，再びその下位の古い地層が見えてくる。

POINT **3**　**地層の対比**

互いに離れた地域に分布する地層の新旧関係を明らかにすることを，地層の対比という。それぞれの地層の中に同時に堆積したとわかる地層があれば，それを目印に地層の対比ができる。このような，対比の目印になる地層を鍵層という。鍵層には，火山灰が固まって形成される凝灰岩層など，短期間で広範囲にわたって堆積した地層が利用される。

POINT 4 化石

かつて生息していた生物の体の一部や生物が生活していた痕跡が，地層の中に保存されているものを化石という。歯や骨といった生物の硬組織が化石となることもあれば，生物が住んでいた巣穴やふん，這った跡が化石となることもある。化石からは，化石が含まれる地層の年代や地層ができた当時の環境がわかることがある。

化石は，生物が死んだ場所にできるとは限らない。遺骸が流水によって移動する可能性があるからである。また，進化の過程で生息環境を変える生物もいる。化石を利用して堆積年代や堆積環境を推定するときは，さまざまなことに注意しなくてはならない。

POINT 5 示準化石

化石が含まれる地層の年代が特定できるような化石を示準化石という。ごく短い期間，広い範囲に大量に生息していた生物，または進化が速い生物が示準化石として有効である。[1] 次ページの図1に，主な示準化石を示す。

浮遊性有孔虫や放散虫などのプランクトン[2]，コノドント[3]といった微化石[4]は海流に乗って広範囲に運ばれ，かつ個体数が多いため，示準化石としてよく利用される。

フズリナは進化が速く，分布範囲も広いので示準化石として有効である。また，フズリナは暖かく浅い海に生息していたことから，示相化石（→ p.177）としての側面ももっている。

[1] カブトガニやシーラカンスなど，いわゆる「生きている化石」とよばれる生物は示準化石にはなりにくい。長い年月の間，姿をほとんど変えておらず，いつの時代のものかわからないからである。

[2] 水面や水中を浮遊する，自らは遊泳力をもたない生物の総称。

[3] 歯のような形をした微小な化石。古生代カンブリア紀から中生代三畳紀にかけて生息した，原始的な魚類の器官と考えられている。

[4] 肉眼では見えない小型の化石。

古　生　代	中　生　代	新　生　代

〈三葉虫〉　〈クサリサンゴ〉　〈ハチノスサンゴ〉　〈フデイシ〉　〈フズリナ〉

〈トリゴニア〉　〈イノセラムス〉　〈アンモナイト〉

〈ビカリア〉　〈カヘイ石〉　〈デスモスチルス〉

図3　主な示準化石

古生代・中生代・新生代といった時代区分については、p. 180の「地質年代の区分」を参照すること。

POINT 6　示相化石

　化石が含まれる地層ができた当時の環境を知ることができる化石を示相化石という。特定の環境で生息し，生息した場所で化石となる生物の化石は示相化石として有効である。たとえば，造礁サンゴの化石が含まれる地層が形成された時期，その地域は暖かい浅い海であったことを示す。また，シジミの化石が含まれる地層が形成された時期，その地域は河川や湖沼など淡水域や汽水域であったことを示す。

　示準化石としても有効なプランクトンは，水温・塩分・水深・溶存酸素濃度に応じて生活しているため，示相化石としても有効である。発見されたプランクトンの化石の種類によって，当時の環境を推定できる。

5 川が海に注ぎ込む河口部のように，海水と淡水が混ざり合う水域。

　次のア～エに入る語句を後の**語群**から選んで答えよ。ただし，同じ語を繰り返し用いてよい。

　洞窟からホモ・サピエンス（人類：新人）の化石が発見された。ホモ・サピエンスは行動範囲が　ア　ため，示相化石としては　イ　である。タービダイトの中からシジミの化石が発見された。このタービダイトが深海底でできたものであれば，このシジミの化石は示相化石としては　ウ　である。暖かい浅海にのみ生息する造礁サンゴの化石が発見された。このサンゴの化石は示相化石としては　エ　である。

語群：広い　狭い　適切　不適切

─────────────────────────────

解答　ア：広い　イ：不適切　ウ：不適切　エ：適切

解説　示相化石とは，その化石が含まれる地層ができた当時の環境を推定する根拠となるような化石である。示相化石として望ましい生物は，適応する環境の範囲が狭く，生息していた場所で化石となったということが挙げられる。

　ホモ・サピエンスは行動範囲が広く，さまざまな環境に適応しているので，示相化石としては不適切である。シジミは，汽水域（河口付近）や湖で生活しているものが多い。よって，シジミが生息した場所で化石となった場合，化石を含んでいた地層は河口付近や湖である可能性が高い。造礁サンゴは，光合成を行う生物と共生しているため，暖かく浅い海に生息するものが多いので，示相化石として適切である。

EXERCISE 11

　化石について述べた次の文のうち，正しいものに○を，誤っているものに×を付けよ。

① 　海洋生物であるカブトガニの化石は，地層が堆積した時代を決定できる根拠となる。

② 　三葉虫の化石は，地層が堆積した時代を決定する根拠となる。

③ 　古生代から中生代にかけて生息していたアンモナイトの化石は，地層が堆積した時代を決定できる根拠となる。

④ 　化石には生物遺体のほか，地層に残された動物の這い跡や足跡も含まれる。

[解答] ①：× ②：○ ③：○ ④：○

[解説] 地層が堆積した時代を決定できる根拠となる化石，すなわち示準化石は，個体数が多く，分布範囲が広く，生物種としての生存期間が短い（進化が速い）生物であることが望ましい。

　カブトガニは古生代シルル紀に出現し，現在でも世界各地に存在する。出現以来形状があまり変わっておらず，示準化石としては適切とは言えない。三葉虫は古生代カンブリア紀に出現し，ペルム紀に絶滅した。アンモナイトは古生代デボン紀に出現し，ペルム紀末の大量絶滅を生き延びて中生代に繁栄した。いずれも時代によって形状に特徴があり，示準化石として有効である。生物の体だけでなく，生物活動の跡も化石になる。巣穴，這い跡，足跡，ふんなどが代表的である（生痕化石）。

地球が誕生してから地層が形成された時期を地質年代(地質時代)という。地質年代は,主に生物の種類の変化によっていくつかの時代に分けられている(表1)。この区分は,地質年代の相対的な新旧関係を示すもので,相対年代とよばれる。相対年代の区分の単位は「代」が最も大きく,続いて「紀」,「世」の順に細かく分けられる。

相対年代に対し,地層が形成された時期を数値で示したものを数値年代(絶対年代)という。地層の数値年代は,岩石に含まれる放射性同位体の量を調べることで推定することができるので,放射年代とよぶこともある。

表1 地質年代の区分

国際層序委員会2023年9月による。「紀」はさらに「世」で細分化される。また,古生代,中生代,新生代をまとめて顕生代(顕生累代)とよぶことがある。

約46億年前	
先カンブリア時代	冥王代
	太古代(始生代)
約5億3900万年前	原生代
古生代	カンブリア紀
	オルドビス紀
	シルル紀
	デボン紀
	石炭紀
約2億5200万年前	ペルム紀
中生代	三畳紀
	ジュラ紀
約6600万年前	白亜紀
新生代	古第三紀
	新第三紀
現在	第四紀

SUMMARY & CHECK

☑ 不整合:上下の地層の間に時間的なギャップがあること

☑ 鍵層:地層の対比の目印になる地層。凝灰岩層がよく利用される

☑ 示準化石:化石が含まれる地層の年代を特定するのに有効な化石
 (例)古生代…三葉虫,フズリナ 中生代…アンモナイト
  新生代…ビカリア

☑ 示相化石:化石が含まれる地層ができた当時の環境を知ることができる化石。造礁サンゴ(暖かくて浅い海),シジミ(淡水域や汽水域)など

☑ 地質年代:地層が形成された時期を示す。相対年代と数値年代がある

THEME
31　先カンブリア時代①

🏛 **GUIDANCE**　地球の歴史の約90％を占める先カンブリア時代。現在の地球のような生命あふれる様子とは大きく異なる時代である。熱い地球が冷め，海ができ，プレートが動き，少しずつ今の地球へと近づく「スタートの時代」を見てみよう。

POINT 1　先カンブリア時代

　地球が誕生した約46億年前から約5億3900万年前までの時代を**先カンブリア時代**という。先カンブリア時代は地球の歴史の大部分を占めるが，化石がほとんど産出されないことから，明らかになっていないことも多い。

　先カンブリア時代は，約46億年前〜約40億年前の**冥王代**，約40億年前〜約25億年前の**太古代**（始生代），約25億年前〜約5億3900万年前の**原生代**に分類される。

1 カンブリア紀（→ p. 190）よりも前の時代という意味で，この名前が付けられている。また，「先カンブリア紀」とは言わないので注意しよう。

POINT 2　地球誕生と地球内部の分離

　地球を含む太陽系は，約46億年前に誕生した。原始太陽系円盤の中で，小さな塵（固体成分）が合体して直径10 km 程度の微惑星が形成された。比較的太陽に近いところに存在していた微惑星は，岩石が主成分であった。おびただしい数の微惑星は，衝突・合体を繰り返して現在の火星程度の大きさの原始惑星が多数形成された。原始惑星のさらなる衝突・合体によって地球ができた（→ p. 128）。衝突の熱エネルギーで，地球は内部までどろどろの液体となり，地表面はマグマの海（**マグマオーシャン**）で覆われた。高密度な金属は地球の中心へ沈み，核（→ p. 20）とマントル（→ p. 20）に分かれた。

POINT 3　地球の冷却と大気の形成

　宇宙空間の温度は平均−270℃と，絶対零度（−273℃）に近い。マグマオーシャンの際に生じた地球の熱も，どんどん宇宙空間へ逃げていった。原始地球の大気は主に水蒸気と二酸化炭素でできていたとされる。水蒸気や二酸化炭素は地球を構成することになった微惑星中に最初から含まれていたという説や，原始地球誕生後に性質の異なる微惑星が衝突する

2 地球の原始大気には水素などの軽い分子も存在していたと考えられるが，地球の重力で引き留めることができず，宇宙へ散逸したと考えられている。

ことで地球にもたらされたという説がある。

　冷えた水蒸気は雨となって地表に降り注ぎ，原始海洋が形成され，地表は冷えて固体の地殻(→ p. 20)ができた。そして，大気中の二酸化炭素の大半は海に溶け，海水中のカルシウムイオンと結合し石灰岩となった。一方，窒素のように水に溶けにくい気体はそのまま大気中に残った。

EXERCISE 12

　太陽系が誕生した前後の地球の様子について述べた次の文のうち，正しいものに○を，誤っているものに×を付けよ。

① 太陽が誕生するより前に，すでに存在していた恒星が冷却して地球ができた。

② 太陽がまず誕生し，その原始太陽から盛んに放出された物質が固まって地球ができた。

③ 原始地球の大気は，水蒸気や二酸化炭素が主成分で，酸素はほとんど含まれていなかった。

④ 温室効果ガスが海水に溶けたので，地球には温室効果がはたらいていなかった。

....

解答　①：×　②：×　③：○　④：×

解説　地球は約46億年前に，微惑星が衝突・合体を繰り返すことで形成された。この微惑星は，原始太陽(できたばかりの太陽)を取り巻いていた固体成分が合体して形成されたものであり，原始太陽から放出された物質が固まったものではない。また，原始地球の大気は主に水蒸気と二酸化炭素でできていた。現在の大気のように酸素が増えるのは，地球に光合成を行う生物が登場してからである。原始大気中の二酸化炭素は大半が海水に溶けてしまったが，現在でも大気中の水蒸気と二酸化炭素は地球に温室効果をもたらしている。

EXERCISE 13

かつて地球の表面を覆っていたマグマオーシャンについて述べた次の文のうち，正しいものに○を，誤っているものに×を付けよ。

① マグマオーシャンのマグマの組成は安山岩質マグマよりも二酸化ケイ素に乏しかった。

② マグマオーシャンは，現在の地球内部で見られるような，表層から深部にかけての層構造を形成するのに寄与した。

③ マグマオーシャンの深度は2kmもあったが，隕石が継続的に衝突したので数億年間は溶けた状態を保てた。

④ マグマオーシャン形成には，核融合のエネルギーも関与している。

────────────────

解答 ①：○ ②：○ ③：× ④：×

解説 マグマオーシャンの際のマグマは，今の地球でいえば地殻とマントルが混ざり合っていたと考えられるので，地殻に見られる二酸化ケイ素が多く含まれる岩石よりは，かんらん岩のような二酸化ケイ素に乏しい岩石の組成に近いと推測できる。鉄を中心とした重い金属が沈んでいった結果，マグマオーシャンは核とマントルに分離した。マグマオーシャンの深さは，少なくとも数百kmに達していたと考えられている。なお，地球では太陽とは異なり，誕生から現在まで核融合は起きていない。

POINT 4 初期の地球と月

太陽系誕生から数億年間は，惑星になりきれなかった微惑星がたくさん存在し，惑星やその衛星に衝突していたと考えられている。地球が誕生してまもなく月が誕生したとされるが，現在の月にはおびただしい数のクレーターがある。月には大気がなくプレートの運動もないため，大昔に形成されたクレーターが風化・侵食されずに残っているのである。月に多くのクレーターができたころ，地球にも微惑星などの衝突で多くのクレーターができたが，大気や水による風化や侵食，プレートの運動などの影響で消えていったと考えられている。

POINT 5 地球最古の岩石

地球が生まれて数億年以内の地層・岩石・鉱物の情報はたいへん乏しい。地表で見つかった最古の岩石は，カナダ北部のスレーブ地域で見つかった約40億

年前のアカスタ片麻岩である。片麻岩は広域変成岩（→ p. 40）の一種であり，このことは，約40億年前にはすでに地球でプレートテクトニクスが機能していた可能性があることを意味している。

　また，グリーンランド南部では，約38億年前の枕状溶岩（→ p. 56）が見つかっている。このことから，この時期にはすでに海洋が存在し，海洋中でマグマが噴出していたと考えられている。

■3鉱物であれば，約42～44億年前のものが見つかっている。この鉱物は形成に水が関わっているとされ，海洋の存在を示唆するものである。

■4北極海と北大西洋の間にある世界最大の島。北ヨーロッパ・デンマークの領土である。

EXERCISE 14

　次のア～ウに入る語句または数値を後の**語群**から選んで答えよ。

　枕状溶岩は，マグマが　ア　できたものである。現在見つかっている世界最古の枕状溶岩は　イ　で発見されたもので，その形成年代は　ウ　億年ほど前であると推定されている。

　語群：地上で風化して　空気中で徐冷されて　水中で冷えて　南極　　オーストラリア西部　グリーンランド南部　43　38　33

- - - - - - -

解答　ア：水中で冷えて　イ：グリーンランド南部　ウ：38

解説　枕状溶岩は玄武岩質マグマが多量の水と反応してできる。大量の水として考えられるのは海水である。枕状溶岩の存在は，存在当時に海洋がすでにあったことを意味する。地球誕生当初は微惑星の衝突や原始大気の温室効果で高温であったが，徐々に冷えて海洋が形成された。グリーンランド南部のイスア地域で見つかった枕状溶岩は，遅くとも38億年前に海洋が存在していたことを意味する。

 SUMMARY & CHECK

☑ <u>先カンブリア時代</u>：<u>冥王代</u>，<u>太古代</u>（始生代），<u>原生代</u>に分けられる

☑ 地球：微惑星の衝突によって，約46億年前に誕生

☑ 原始地球の大気：主に水蒸気と二酸化炭素。酸素は乏しかった

☑ 誕生した当初の地球：地表面が<u>マグマオーシャン</u>で覆われた

☑ 地球最古の岩石：太古代の初期に形成

THEME
32　先カンブリア時代②

GUIDANCE　酸素がほぼ皆無であった原始の地球。そこへ忽然^{こつぜん}と登場したシアノバクテリア。シアノバクテリアは生物の世界だけではなく，地球大気を始め地球環境全体を大きく変えた。そして，地球は他の惑星とは決定的に異なる惑星になったのである。

POINT 1　生命の誕生

太古代は，地球上に原始的な生命が誕生した時代だった。

地球上の生命は有機物からできている。地球では約40億年前には，無機物からアミノ酸などの単純な有機物が合成されていたと考えられている。アミノ酸はさらにタンパク質などの複雑な有機物に変化し，これらの有機物が組み合わさって生命が誕生したと考えられている。

海底には熱水が噴出している場所(**熱水噴出孔**)があり，地球上の生命が誕生した場所として注目されている。熱水噴出孔から噴出される熱水には，水素やメタン，アンモニアといった化合物が多く含まれる。また，熱水噴出孔の付近にはさまざまな微生物が見られる。この微生物は，80℃以上の高温で酸素が乏しい環境でも生息できる。原始地球には酸素が乏しかったことから，最古の生命も熱水噴出孔のような環境で誕生したのではないかと考えられている。

グリーンランド南部で見つかった約38億年前の堆積岩からは，生命活動に伴って生じる炭素を含む物質が検出された。このことから，約38億年前にはすでに生命は誕生していたと考えられている。また，西オーストラリアの約35億年前のチャートの中には，紐状^{ひも}の生物の化石が見つかっている。この時代に生息した生物は，<u>原核生物</u>とよばれる核膜をもたない単純な単細胞生物だったと考えられている。

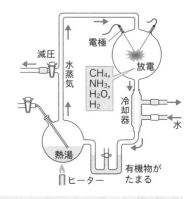

PLUS
ユーリーとミラーの実験
　ユーリーとミラーは，地球上の原始的な生命がどのように誕生したかを調べるために，右図のような装置で実験を行った。右上のフラスコは原始地球大気を，左下のフラスコは原始海洋を再現している。この実験でアミノ酸が生成されたことから，約40億年前には地球でアミノ酸が生成されていたと考えられている。

POINT 2　シアノバクテリアの出現

　太古代の終わりごろ(約27億年前〜約25億年前)に，原核生物である<u>シアノバクテリア</u>が出現した。シアノバクテリアは葉緑素をもち，光合成を行うことができた。光合成をする生物は二酸化炭素を取り込み，光エネルギーを利用して有機物を合成する過程で酸素を放出する。シアノバクテリアの出現により，大気中の二酸化炭素濃度は減少し，酸素濃度が増加した(図1)。酸素は有機物を分解するため，酸素濃度の増加は，酸素の酸化作用から身を守ることができる生物や，酸素を利用して呼吸をすることで大きなエネルギーを得る生物の出現を促した。

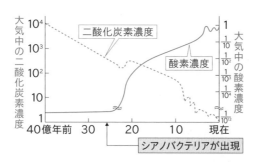

図1　大気中の酸素と二酸化炭素の濃度変化
それぞれの濃度は，現在を1としたときの相対値である。

　シアノバクテリアは，<u>ストロマトライト</u>というドーム状をした石灰質の構造物をつくった。現在でもオーストラリアの一部地域などでは，現生するストロマトライトが見られる。また，放出された酸素は，海水中に溶けていた鉄イオンと結合し酸化鉄をつくり，この酸化鉄が海底に沈殿して<u>縞状鉄鉱層</u>を形成した。縞状鉄鉱層ができたのは原生代の初期(約25億年前〜約20億年前)だが，私たちが利用している鉄資源の大部分は，縞状鉄鉱層から採掘されたものである。

EXERCISE 15

次のア〜オに入る語句を後の**語群**から選んで答えよ。ただし，同じ語を繰り返し用いてよい。

地球が誕生したころの大気（原始大気）に多量に含まれていた ア は，海水に溶け込み，サンゴなどによって イ として固定された。一方，原始大気にはほとんど含まれていなかった ウ は，生物の光合成によって徐々に増加した。大気中の ウ の一部は エ となり，生物に有害な太陽からの オ が遮られるようになった。

語群：水素　酸素　窒素　二酸化炭素　水蒸気　メタン　オゾン
　　　　フロン　チャート　石灰岩　縞状鉄鉱層　X線　紫外線　宇宙線

解答　ア：二酸化炭素　イ：石灰岩　ウ：酸素　エ：オゾン　オ：紫外線

解説　マグマオーシャンの中から出てきた気体は，水蒸気と二酸化炭素が主成分で，現在の火山ガスと同様であったと推測されている。大気中に大量に存在していた二酸化炭素は，まずは海洋に溶けてカルシウムイオンと結び付いて石灰岩になることで「固定」された。当時の金属が酸化されていないことから，大気中の酸素はごくわずかであったと推定される。シアノバクテリアが海洋に出現することで海水中に酸素が行き渡るようになり，やがて大気中へと酸素は出て行った。太陽からの紫外線で酸素の一部はオゾンとなり，古生代中ごろまでにはオゾン層が完成した。

　酸素発生型の光合成生物の出現とその結果について述べた次の文のうち，正しいものに○を，誤っているものに×を付けよ。
① 　ドーム状の構造をもつストロマトライトが多数形成された。
② 　太古代初期に最初の光合成生物が出現した。
③ 　縞状鉄鉱層が形成され，海水中の鉄イオンが増加した。
④ 　酸素呼吸を行う生物が現れ，原核生物はいなくなった。

解答　①：○　②：×　③：×　④：×

解説　シアノバクテリアは，単細胞の原核生物であり，地球上に初めて出現した酸素発生型の光合成生物である。出現は27億年ほど前で，ストロマトライトというドーム状をした構造物をつくりながら成長する。27億年前は太古代末期であり，シアノバクテリア出現以降，海水中に放出された酸素は海水に溶けていた鉄イオンと結合して沈殿し，縞状鉄鉱層となった。このため，海水中の鉄イオンは減少した。シアノバクテリアは現在も生存しており，ストロマトライトは現在でもオーストラリア西部のきれいで浅い海に存在する。その他の原核生物も生存している。

POINT 3　全球凍結と生物の進化

　原生代の初期(約23億年前)，地球に大規模な氷河期が訪れた。この氷河期では地球全体が氷で覆われていたと考えられていて，この現象を全球凍結(スノーボールアース)という。全球凍結の証拠は，当時赤道であった場所から氷河由来の堆積物が見つかっていることなどがある(図2)。

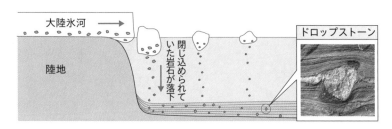

図2　ドロップストーン

氷河によって海まで運ばれた岩石が，氷山がとけることで，海底に落下して堆積した岩石のこと。赤道付近という最も暖かい場所でこれが発見されたことから，全球凍結が起こった根拠の一つとされている。

原生代の初期に起こった全球凍結で生物の多くが絶滅したが，これが終わると真核生物とよばれる，核膜に包まれた核をもつ生物が現れた。最古の真核生物は，約20億年前の地層から発見されたグリパニアとよばれる原始的な藻類だと考えられている。

　原生代末期に再び全球凍結が起こり，^{→■}これが終わった約6億年前ごろから，エディアカラ生物群とよばれる，多数の細胞でできた多細胞生物が出現した(図3)。それ以前の生物に比べて大型のものが多く，長さが約1mに達するものもいた。また，硬い殻や骨格をもたず，柔らかく偏平な形をしていたと考えられている。

　エディアカラ生物群の多くは，原生代が終わるまでに絶滅した。

■原生代末期の全球凍結は，約7億年前と約6億5000万年前の2回あったと考えられている。

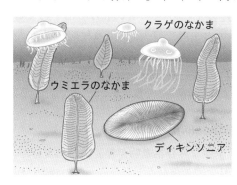

図3　エディアカラ生物群の想像図
この生物群の名称は，オーストラリア南部のエディアカラ丘陵で最初に化石が見つかったことに由来する。クラゲやウミエラのような生物が含まれるとされるが，不明な点も多い。

SUMMARY & CHECK

☑ 生命の誕生：太古代(始生代)の初期に原核生物が出現
☑ シアノバクテリア：太古代の終わりごろに出現。光合成で酸素を放出
　→原生代以降に地球の酸素濃度が増加。海底に縞状鉄鉱層ができる
☑ 全球凍結：原生代に地球全体が氷で覆われた現象
　→原生代初期の全球凍結の後に真核生物が出現
　→原生代末期の全球凍結の後にエディアカラ生物群が出現

THEME
33　古生代

🏠 **GUIDANCE**　先カンブリア時代末のふにゃふにゃした生物の時代から，生存競争激化によって，硬く，眼をもつ生物の時代が訪れたのが古生代である。古生代初頭には，現存する動物につながる種の大半が出現した。その古生代も，地球環境の激変によって最期を迎えた。

POINT 1　古生代

　約 5 億3900万年前から約 2 億5200万年前までの時代を<u>古生代</u>という。さらに，古生代は古い時代から順に，<u>カンブリア紀</u>（約 5 億3900万年前〜約 4 億8500万年前），<u>オルドビス紀</u>（約 4 億8500万年前〜約 4 億4400万年前），<u>シルル紀</u>（約 4 億4400万年前〜約 4 億1900万年前），<u>デボン紀</u>（約 4 億1900万年前〜約 3 億5900万年前），<u>石炭紀</u>（約 3 億5900万年前〜約 2 億9900万年前），<u>ペルム紀</u>（二畳紀）（約 2 億9900万年前〜約 2 億5200万年前）に分類される。

POINT 2　カンブリア紀〜動物の爆発的出現〜

　カンブリア紀になると，海中で多種多様な無脊椎動物が爆発的に出現した。この現象を<u>カンブリア紀爆発</u>やカンブリア紀の爆発などという。この時期に出現した生物には，節足動物の<u>三葉虫</u>，棘皮動物（ウニやウミユリなど），軟体動物（貝やイカなど），環形動物（ゴカイやミミズなど）などがある。また，原始的な脊椎動物である<u>無顎類</u>（顎をもたない魚類）も出現した。つまり，現在の海洋生物に直接つながる生物が，カンブリア紀にかなり揃ったことになる。

〈オパビニア〉　〈アノマロカリス〉

〈ピカイア〉　〈ハルキゲニア〉

図 1　バージェス動物群の想像図
バージェス動物群の代表的な生物にアノマロカリスがいる。アノマロカリスは水中で他の動物を捕食していたとされている。

　カンブリア紀爆発で出現した動物の化石は，カナダのバージェス頁岩や中国の澄江から見つかっており，それぞれバージェス動物群（図 1），澄江動物群とよばれている。硬い殻や歯をもつものが多いため，生物どうしに食うか食われるかの関係（捕食−被食関係）があったと考えられる。

🔟澄江動物群の方がバージェス動物群よりもやや古い。

EXERCISE 17

次のア～ウに入る語句を後の**語群**から選んで答えよ。

先カンブリア時代が終わり，古生代に入ると，多種多様な無脊椎動物が一斉に出現する ア が起きた。この時代に生息した生物は イ 群とよばれ，先カンブリア時代末の生物と比べて ウ という特徴があった。

語群：全球凍結　マグマオーシャン　カンブリア紀爆発

エディアカラ生物　バージェス動物

大きくて偏平　硬い殻をもつ　脚や羽毛をもつ

解答　ア：カンブリア紀爆発　イ：バージェス動物　ウ：硬い殻をもつ

解説　古生代カンブリア紀に入ると，多種多様な生物が一斉に出現し，繁栄した。これをカンブリア紀爆発などという。カンブリア紀爆発で登場した生物には，硬い殻や骨格をもつものも多かった。これは，当時，眼をもつ捕食生物が登場し，それらから身を守る必要が生じたからだ，というのが一説である。

POINT 3　オルドビス紀～生物の陸上進出～

オルドビス紀には，海の中でウミユリやサンゴ，フデイシといった動物が繁栄した。オルドビス紀の地層からは，陸上もしくは水辺であったと考えられる場所から節足動物の這い跡や植物の胞子が見つかっている。また，このころには大気中で<u>オゾン層</u>が形成され始めていたと考えられる。オゾン層は，生物にとって有害な，太陽からの紫外線を吸収するはたらきをもつ。オゾン層がないころは，生物は水中でしか生息できなかったが，オゾン層が形成されたことで，生物は陸上へと生活範囲を広げていった。

2 水は紫外線を透過させないため，水中であれば紫外線にさらされずに生息できる。

シルル紀～シダ植物や魚類の出現～

シルル紀に入ると，クックソニアという陸上植物が出現した（図2）。クックソニアは根も葉もなく，胞子で増えていた。その後，からだが根・茎・葉に分かれた<u>シダ植物</u>が出現した。動物では，ヤスデやムカデのような節足動物が陸上へ進出した。また，海洋では，原始的な脊椎動物である無顎類から進化した，顎をもつ原始的な<u>魚類</u>が出現した。

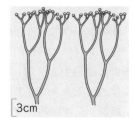

[3cm

図2　クックソニア
クックソニアの化石は，陸上植物の化石では最古のものである。

POINT 5　デボン紀～裸子植物や両生類の出現～

デボン紀には，シダ植物から進化した<u>裸子植物</u>[3]が出現した。昆虫類も陸上に存在していたが，まだ飛ぶことはできなかったと考えられている。また，サメやシーラカンスが出現し，魚類の大繁栄が起きた。やがて，魚類は足のような器官をもつようになり，<u>両生類</u>へと進化した。デボン紀後期の地層では，イクチオステガ（図3）やアカントステガのような原始的な両生類の化石が発見されている。魚類に続いて両生類が出現したことは，脊椎動物が本格的に陸上へ進出したことを意味する。

[3] シダ植物は受精に水が必要だが，種子植物である裸子植物は水を直接必要としない。こうして，乾燥に対応していった。

図3　イクチオステガ
指の骨格が発達した四肢をもち，浅瀬などで這うことができた。

POINT 6　石炭紀～大森林や爬虫類（は ちゅうるい）の出現～

デボン紀末に登場した大型シダ植物であるロボク，リンボク，フウインボクは，石炭紀に大森林を形成した。これらの大型シダ植物は，大きいもので高さが30mにも達したという。高さ10cm足らずだったクックソニアに比べていかに大きいかがわかる（p.193図4）。シダ植物の大森林による活発な光合成により，温室効果ガスである二酸化炭素が減少し，寒冷化していった。それと同時に大気中の酸素濃度は大幅に上昇し，大型の昆虫などの出現をもたらした。大型シダ植物の遺骸は，現在採掘されている多くの石炭の元になっている。

石炭紀には，両生類よりも乾燥に適応した<u>爬虫類</u>が登場した。両生類は卵を水中に産まざるを得ないが，爬虫類の卵は殻をもち，陸上で産卵できるようになった。哺乳類（ほ にゅうるい）の祖先ともいえる単弓類（たんきゅうるい）が登場したのも石炭紀である。

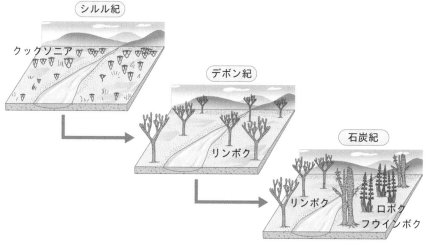

図4　陸上植物の変遷

POINT 7 ペルム紀～地球史上最大の絶滅～

　古生代最後の紀であるペルム紀には温暖化が進行し，陸上植物の主人公はシダ植物から裸子植物へと変わった。浅い海では，サンゴや大型有孔虫であるフズリナが繁栄した。

　それぞれ離れた位置にあった地球上の大陸は，ペルム紀に集合して，<u>超大陸パンゲア</u>とよばれる一つの大きな大陸を形成した（図5）。大陸の縁には浅い海が広がることが多い。浅い海では光合成で増える藻類が繁栄し，それを食べる魚類なども繁栄する。大陸が合体して一つになると浅い海の面積も小さくなり，生物にとって好ましい環境が狭まってしまう。このように，大陸の集合・離散は生物にも大きな影響を及ぼす。

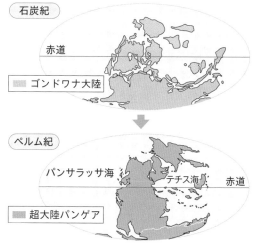

図5　大陸移動の様子

ペルム紀末には，地球で5回あった大量絶滅のうち最大規模の大量絶滅が起きた。その原因は諸説あるが，海洋生物種の約9割が短期間のうちに姿を消したとされる。この時期には，海中から酸素がほぼなくなっていたことがわかっている。通常，地層には酸化された状態で鉄が存在する。酸化鉄の種類にもよるが，赤色や茶色を呈することが多い。ところが，ペルム紀末の地層からは黒色チャートが見つかっている。チャート内に酸化されていない鉄が多量に見られるのである。地球上が酸素欠乏状態になった理由は，深海の酸素に乏しい海水が多量に上昇したことや，火山活動が活発化し火山ガスの成分と酸素が反応して酸素が大量に消費されたことなどが挙げられている。

PLUS　5回起こった大量絶滅

　地球史上最大の大量絶滅はペルム紀末に起こったものだが，オルドビス紀末，デボン紀末，三畳紀末，白亜紀末にも大量絶滅が起きている。つまり，地球は現在までに少なくとも5回の大量絶滅を経験している。

EXERCISE 18

　次のア〜オに入る語句または数値を後の**語群**から選んで答えよ。

　古生代初頭にできたゴンドワナ大陸にいくつかの大陸が衝突し，古生代末（今から　ア　億年前）ごろには超大陸パンゲアが存在していた。パンゲアの低緯度から中緯度域には　イ　が発達し，南部の高緯度域には　ウ　が広範囲に拡大した。当時の海洋は，パンゲアを取り囲むような海と，パンゲアに入り込むような　エ　で構成されていた。やがて，　オ　の欠乏を直接的な原因として，大量絶滅が起きることになる。

語群：27　5.4　2.7　0.7　氷河　大森林　テチス海　地中海
　　　　瀬戸内海　窒素　酸素　ケイ素　二酸化炭素

....

解答　ア：2.7　イ：大森林　ウ：氷河　エ：テチス海　オ：酸素

解説　大陸配置と生物の生息環境には相関がある。石炭紀には，地球上で初めての大森林がシダ植物によってつくられた。その後，裸子植物が登場することになる。パンゲアの内海であるテチス海は浅く，生命の繁栄に適していた。パンゲアは南極点にまで及んでいて，南部の高緯度域は氷河で覆われていた。氷河の存在は，当時の氷河堆積物の存在からわかっている。

EXERCISE 19

　古生代に起きた現象を述べた次の文のうち，正しいものに○を，誤っているものに×を付けよ。
① 胞子で増える植物が陸上に出現した。
② 全球凍結が起きた。
③ 海水中の酸素が増加し，真核生物が出現した。
④ バージェス動物群が出現した。

解答 ①：○　②：×　③：×　④：○

解説 古生代中ごろには胞子で増えるシダ植物などが陸上に現れた。全球凍結は先カンブリア時代の原生代に少なくとも2回起きたが，古生代には起きていない。最初の真核生物は，原生代に登場したグリパニアとよばれるリボン状の生物である。バージェス動物群は古生代カンブリア紀に出現した。

 SUMMARY & CHECK

☑ <u>古生代</u>：古い順に，<u>カンブリア紀</u>，<u>オルドビス紀</u>，<u>シルル紀</u>，
　　　　　　　<u>デボン紀</u>，<u>石炭紀</u>，<u>ペルム紀</u>
☑ カンブリア紀：<u>カンブリア紀爆発</u>で，<u>三葉虫</u>などが出現
☑ オルドビス紀：<u>オゾン層</u>が形成され，生物が陸上へ進出
☑ シルル紀：<u>シダ植物</u>や魚類が出現
☑ デボン紀：<u>裸子植物</u>や<u>両生類</u>が出現
☑ 石炭紀：大森林や<u>爬虫類</u>が出現
☑ ペルム紀：<u>超大陸パンゲア</u>の形成。地球史上最大の大量絶滅

THEME 34 中生代

🏛 **GUIDANCE**　顕生代最大の絶滅のあと，恐竜が繁栄する時代が訪れた。それが中生代である。暖かく，巨大生物が陸・海・空に存在する時代。恐竜の繁栄の陰で，人類の祖先である哺乳類も着実に数を増やしていった。そして，大隕石の衝突へ。

POINT 1　中生代

　約 2 億5200万年前から約6600万年前までの時代を中生代という。さらに，中生代は古い時代から順に，三畳紀(トリアス紀)(約 2 億5200万年前〜約 2 億100万年前)，ジュラ紀(約 2 億100万年前〜約 1 億4500万年前)，白亜紀(約 1 億4500万年前〜約6600万年前)に分類される。

POINT 2　三畳紀〜生物の多様性の回復〜

　三畳紀に入っても，古生代のペルム紀末に起きた絶滅の影響は大きかった。三畳紀中ごろにやっと生物の多様性が回復し，三畳紀後期には海で二枚貝のモノチス(図 1)が繁栄した。ペルム紀末の絶滅を生き延びたアンモナイトも，この時期から世界中の海で繁栄するようになった。また，爬虫類の中からは恐竜が出現し，単弓類から進化した哺乳類が出現した。陸上では，ソテツやイチョウなどの裸子植物が繁栄するようになった。

図 1 　モノチスの化石

POINT 3　ジュラ紀〜恐竜の繁栄〜

　ジュラ紀には多くの恐竜が大型化し，体長が10m を超えるものも現れた(p.197図 2)。また，海の中を泳ぐ魚竜や，翼をもって空を飛ぶ翼竜も出現した。ジュラ紀の終わりには，恐竜の一種である獣脚類が進化して鳥類が出現した。始祖鳥は，この時期に現れた最古の鳥類の一つである。

　一方，ジュラ紀に繁栄した哺乳類は体長が数 cm から30cm ほどと小さく，昆虫などを捕食していた。

ティラノサウルス

アロサウルス

トリケラトプス

図2　中生代の恐竜の様子
　　　（想像図）

アロサウルスはジュラ紀に，トリケラトプスやティラノサウルスは白亜紀に出現した。

POINT 4　白亜紀〜被子植物の出現と恐竜の絶滅〜

　白亜紀に入るとプルーム（→ p. 28）の活動の活発化に伴って火山活動が激しくなり，大気中の二酸化炭素濃度が上昇した。これは，植物の光合成を活発化させ，有機物の生産が促進された。海洋ではイノセラムスやトリゴニアなどの二枚貝が繁栄し，光合成を行うプランクトンなどの海生生物が生産した有機物の一部は石油となった。陸上では被子植物が登場した。被子植物の出現は，昆虫類の爆発的進化を促したと考えられている。

　白亜紀後期には，ティラノサウルスやトリケラトプスといった恐竜が出現した（図2）。しかし，白亜紀末の約6600万年前に，恐竜を含めたさまざまな生物が絶滅した。この絶滅の引き金となったのは，メキシコのユカタン半島（図3）に直径10km程度の隕石が衝突したことだとする説が有力である。この隕石が地表の塵を巻き上げて太陽光を遮ったり，衝突時に溶けた岩石から有毒なガスが発生したりしたことなどが原因で，多くの生物が絶滅したと考えられている。

図3　ユカタン半島

図中の赤い丸で囲んだ場所は，白亜紀末に隕石が衝突した地点である。

EXERCISE 20

問1　次の陸上植物を，出現の古い順に並び変えよ。

イチョウ　　クックソニア

ロボク　　アーケアンサス（被子植物の一種）

問2　次の生物のうち，中生代に栄えたものをすべて選べ。

オパビニア　　モノチス　　デスモスチルス

フズリナ　　ピカイア　　アンモナイト

解答　**問1**　クックソニア，ロボク，イチョウ，アーケアンサス

　　　問2　モノチス，アンモナイト

解説　**問1**　地球史上初めての陸上植物がクックソニアである。根も葉もない，シダよりも原始的な植物であった。出現は古生代シルル紀である。次いでシダ植物が出現するが，その一つがロボクである。ロボクはデボン紀末ごろに出現したと言われ，石炭紀にはリンボク，フウインボクとともに沼地で大森林を形成した。シダ植物から進化した裸子植物は，種子で増えるため，受粉に水が必要であるシダ植物よりも過酷な環境に適応した。裸子植物であるイチョウは古生代ペルム紀に出現した。裸子植物は中生代に大繁栄する。初期の被子植物は白亜紀初頭に出現したとされ，そのうちの一つにアーケアンサスがある。

問2　オパビニアとピカイアはバージェス動物群に属する。ピカイアは，最も原始的な脊椎動物とされる。フズリナは古生代末に絶滅した大型有孔虫である。アンモナイトが出現したのは古生代だが，中生代に繁栄した。モノチスは中生代三畳紀に栄えた二枚貝である。

SUMMARY & CHECK

☑ <u>中生代</u>：古い順に，<u>三畳紀</u>，<u>ジュラ紀</u>，<u>白亜紀</u>

☑ 三畳紀：<u>恐竜</u>や<u>哺乳類</u>が出現

☑ ジュラ紀：恐竜の大型化。鳥類が出現

☑ 白亜紀：<u>被子植物</u>が出現。恐竜は末期に絶滅

新生代

📖 **GUIDANCE**　中生代は，顕生代の中で最も暖かかったとされる。ところが，一説には太陽系の銀河系における位置の関係で，地球は寒冷な時代に突入した。生物は，寒冷化・乾燥化した地球に対応して進化していった。

POINT 1　新生代

約6600万年前から現在に至るまでの時代を<u>新生代</u>という。さらに，新生代は古い時代から順に，<u>古第三紀</u>（約6600万年前～約2300万年前），<u>新第三紀</u>（約2300万年前～約260万年前），<u>第四紀</u>（約260万年前～現在）に分けられる。

■ 第一紀や第二紀といった地質年代はない。

POINT 2　古第三紀 ～哺乳類の繁栄～

　古第三紀は，最初のうちは中生代と同様温暖であった。日本列島においては，北海道も亜熱帯の気候であった。日本列島の石炭の元になった植物は主にこの時代のものである。やがて，大陸配置の変化によって徐々に寒冷化・乾燥化が進行した。草原が出現し，ウマなどの草食動物やこれらを狩る肉食動物が繁栄した。空を飛ぶコウモリや海を泳ぐクジラなど，哺乳類が多様化した。また，海では大型の有孔虫である**カヘイ石**（ヌンムリテス）が繁栄した。

POINT 3　新第三紀 ～寒冷化と日本列島の形成～

　新第三紀に入ると，一時的に温暖な時期があった。この時期には，巻き貝のビカリア（図1）や哺乳類のデスモスチルスなどが繁栄した。デスモスチルスは北太平洋の海岸付近をすみかとし，特徴的な歯の化石が多く見つかっている（図2）。

図1　ビカリアの化石　　　図2　デスモスチルスの歯

新第三紀の中ごろには大気中の二酸化炭素濃度が低下し，それに伴って寒冷化が進んだ。プレート運動に伴うヒマラヤ山脈の隆起は季節風を活発にした。また，並行して日本海が拡大していった。つまり，日本列島が大陸から分かれ，現在の形へと近づいていったのである。

POINT 4　第四紀〜氷期と間氷期の繰り返し〜

　氷床や氷河が地球の広い範囲に分布する時代を<u>氷期</u>といい，温暖で氷床や氷河が限られた地域にのみ存在する時代を<u>間氷期</u>という。第四紀は，氷期と間氷期が約4万年または約10万年周期で繰り返されてきた。最後の氷期は約1万年前に終わり，現在は間氷期に入っている。

2 大規模な氷河の塊のこと。現在，地球上では南極とグリーンランドに氷床が見られる。

　氷期には海水から蒸発した水分が氷となり，氷床となって陸に固定されるため，海水準(陸地に対する海面の相対的な高さ)が低下する。一方，間氷期には氷床の氷がとけて海に流れ込み，海水準が上昇する(図3)。

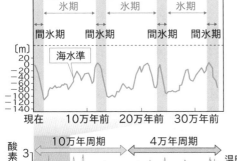

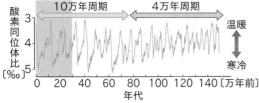

図3　第四紀の環境変化
グラフの左側ほど新しい年代を表す。氷床量や海水準の変化から，気候が周期的に変化していたことが読み取れる。

　氷期に海水準が低下したことで，日本列島が大陸と地続きになったころがあった。ナウマンゾウやマンモスといったさまざまな動物が，この時期に大陸から日本列島に渡ってきたと考えられている。

POINT 5　人類の登場

　人類は，哺乳類の一種である霊長類(サルの仲間)に属する。白亜紀には原始

的な霊長類がすでに出現していて，熱帯の森林に生息する小さな動物だったと考えられている。

　霊長類のうち，チンパンジーやゴリラなど人類に近いものを類人猿という。アフリカでは，約2000万年前の類人猿の化石が見つかっている。この類人猿から，約700万年前に最古の人類であるサヘラントロプス・チャデンシスが出現した。この化石はアフリカ大陸で発見されており（図4・図5），見かけ上はサルと大差がない<u>猿人</u>の一種とされている。また，サヘラントロプス・チャデンシスは頭蓋骨の構造などから，他の類人猿とは異なり直立二足歩行をしていたと考えられている。約400万年前には，アフリカのサバンナで猿人であるアウストラロピテクスが出現した。アウストラロピテクスの身長は1m程度，脳の容積は現代の人類の3分の1程度だったと考えられている。

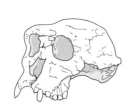

図4　サヘラントロプス・
　　　チャデンシスの化石

図5　サヘラントロプス・チャデ
　　　ンシスと猿人の発見場所

POINT 6　人類の発展

　第四紀の初めごろ，猿人から進化した<u>原人</u>とよばれる人類が現れた。原人は猿人に比べて脳の容積が大きく，石器を用いるようになり，やがて火を使用するようになった。初期の原人であるホモ・ハビリスは，猿人と見た目上の差はあまりなく，猿人と共存していたとされる。約180万年前に現れた原人であるホモ・エレクトスは，脳の容積がさらに大きくなり，現代人並みの体格となった。また，ホモ・エレクトスは初めてアフリカ大陸を出てユーラシア大陸に広がった人類である。
→🔢

　約30万年前には，原人から進化した<u>旧人</u>の一種であるネアンデルタール人（ホモ・ネアンデルターレンシス）が出現し，

🔢中国の北京で化石が発見された北京原人や，インドネシアのジャワ島で化石が発見されたジャワ原人は，いずれもホモ・エレクトスの一種である。

その後ヨーロッパなどに広く分布した。ネアンデルタール人は現代人よりも頑丈でずんぐりした身体[4]をもち，道具を使って狩猟・採集をしていたと考えられている。

　現代人につながる新人（ホモ・サピエンス）は，約20万年前にアフリカ大陸で出現し，全世界に広がっていった。現在，ホモ・サピエンス以外の人類はすべて絶滅しているが，一時期はネアンデルタール人とホモ・サピエンスが共存していたことがわかっている。約1万年前に，ホモ・サピエンスは狩猟・採集中心の生活から農耕・牧畜中心の生活に移行し，安定して食料を確保できるようになった。その結果，人口が大幅に増えて現在に至っている。

　次の図6は，人類の進化を頭蓋骨の図とともにまとめたものである。

[4]ネアンデルタール人のこうした体格は，当時のヨーロッパの寒冷気候に適応したものだと考えられている。

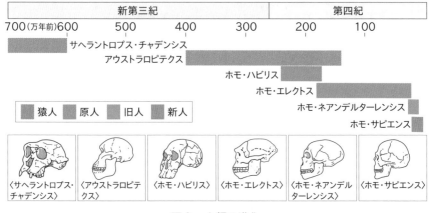

図6　人類の進化

必ずしも猿人→原人→旧人→新人と入れ替わりに現れたのではない。猿人がいた時期に原人がいたり，旧人がいた時期に新人がいたりしたように，共存していた時期があったことに注意しよう。

EXERCISE 21

次のア～ウに入る語句を後の**語群**から選んで答えよ。

ネアンデルタール人などの人類は，人類以外の類人猿とは異なり，

　ア　。ネアンデルタール人は人類の歴史上　イ　人と言われ，ホモ・サピエンスと同じ時期に生存していたことがわかっている。ネアンデルタール人が生息していた時代は，　ウ　であった。

語群：哺乳類である　肉食である　直立二足歩行をする
　　　　新　原　旧　猿　全体的に温暖
　　　　シダ植物が大繁栄した時代　氷期と間氷期が繰り返された時期

解答　ア：直立二足歩行をする　イ：旧
　　　ウ：氷期と間氷期が繰り返された時期

解説　類人猿であるチンパンジーはホモ・サピエンスに近いとされ，道具を用い，言語のようなものを用いる。しかし，ホモ・サピエンスと異なり，背中が湾曲し，直立二足歩行をしない。人類を出現の古い順に猿人，原人，旧人，新人とよぶことがある。これは，あくまでも大まかな分類で，必ずしもこの順に進化したわけではない。ネアンデルタール人は旧人に分類され，第四紀に生息していた。第四紀は氷期と間氷期が繰り返されている時代である。

EXERCISE 22

地球の歴史は，先カンブリア時代・古生代・中生代・新生代に大別される。各時代の長さの比を最も正確に表しているものを，次の①〜④のうちから一つ選べ。

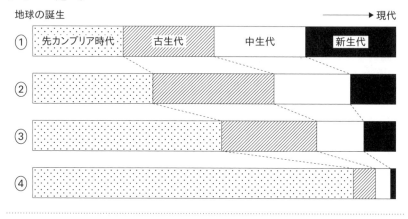

地球の誕生 ——————→ 現代

① 先カンブリア時代 / 古生代 / 中生代 / 新生代
②
③
④

解答 ④

解説 主に産出される化石に基づいた年代の分け方を地質年代という。化石がほとんど産出しないのが先カンブリア時代，さまざまな化石が産出するのが顕生代（古生代〜新生代）である。地球の歴史46億年のうち，先カンブリア時代が41億年間近くを占める。生命があふれる地球になったのは，比較的最近なのである。なお，古生代，中生代，新生代の始まりは，それぞれ約5.4億年前，約2.5億年前，約6600万年前である。

 SUMMARY & CHECK

☑ <u>新生代</u>：古い順に，<u>古第三紀</u>，<u>新第三紀</u>，<u>第四紀</u>

☑ <u>古第三紀</u>：哺乳類の多様化。<u>カヘイ石</u>（ヌンムリテス）が繁栄

☑ <u>新第三紀</u>：ビカリアやデスモスチルスが繁栄。地球の寒冷化が進む

☑ <u>第四紀</u>：<u>氷期</u>と<u>間氷期</u>を繰り返している

☑ <u>人類の進化</u>：新第三紀に出現。古い順に，<u>猿人</u>，<u>原人</u>，<u>旧人</u>，<u>新人</u>

1 化石や地層に関する次の問い（**問 1**・**問 2**）に答えよ。

問 1 Ｓさんが所属する高校の地学クラブでは，学校付近の地質調査を行っている。この地域では砂岩層と石灰岩層を観察することができる。ある日Ｓさんは，リプルマーク（漣痕）を示す砂岩層からトリゴニアの化石を，石灰岩層から造礁（性）サンゴおよび三葉虫の化石を発見した。この発見に基づき，地学クラブの仲間とこの地域の大地の歴史について議論した。調査結果に基づいた推論に**誤りがあるもの**を，次の①〜④のうちから一つ選べ。

① 造礁（性）サンゴの化石が出てきたので，石灰岩層は温暖な浅い海に溜まってできた地層です。

② 発見された化石から考えると，砂岩層のほうが石灰岩層よりも古い地層です。

③ トリゴニアが生きていた時代を考えると，同じ砂岩層からイノセラムスの化石も出てくる可能性があります。

④ 砂岩層にリプルマークが見られるので，砂が溜まったときの水流の向きがわかります。

問2 次の図1のように，ある地域に断層面の傾斜角が30°の断層Bが存在する。この断層Bによるずれの量を調べるため，断層の上盤側（掘削地点X）と下盤側（掘削地点Y）で掘削調査を行った。その結果，掘削地点Xでは深さ50m，掘削地点Yでは深さ55mで鍵層の凝灰岩層Aを発見した。断層Bの**断層面に沿ったずれの量**は何mか。最も適当なものを，後の①～④のうちから一つ選べ。ただし，断層Bの上盤と下盤の地層はともに水平であり，かつ地表面も水平とする。

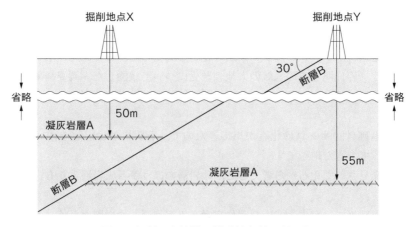

図1 掘削した地域の模式的な地下断面図

① 8m ② 10m ③ 12m ④ 14m

2 地層と地球の歴史に関する次の問い（**問1**・**問2**）に答えよ。

問1 ある日ジオくんは，次の図2の露頭で砂岩層aの断面にクロスラミナ（斜交葉理），砂岩層bの断面に級化層理（級化成層）を見つけた。この露頭の地層の新旧と砂岩層bで観察される級化層理の特徴の組合せとして最も適当なものを，後の①〜④のうちから一つ選べ。

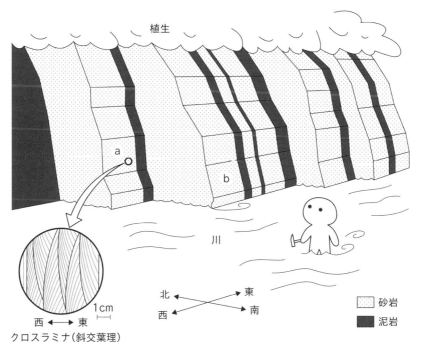

図2　層理面（地層面）が垂直な砂岩泥岩互層の露頭
川岸で見られた垂直に近い露頭を，南西から北東へ斜めに見たところを表す。

	地層の新旧	級化層理の特徴
①	東へ向かって地層が新しくなる。	西へ向かって粒子が細かくなる。
②	東へ向かって地層が新しくなる。	東へ向かって粒子が細かくなる。
③	西へ向かって地層が新しくなる。	西へ向かって粒子が細かくなる。
④	西へ向かって地層が新しくなる。	東へ向かって粒子が細かくなる。

問2 地球と生物の歴史に関わる次のできごと a 〜 c は，地質年代のいつごろ起こったものか。その地質年代を示した図として最も適当なものを，後の①〜⑥のうちから一つ選べ。なお，灰色の太線はそれぞれのできごとが起こったおおよその時期を示す。

a　リンボクなどの繁栄に伴う大気酸素濃度の上昇
b　被子植物の出現
c　クックソニアの出現

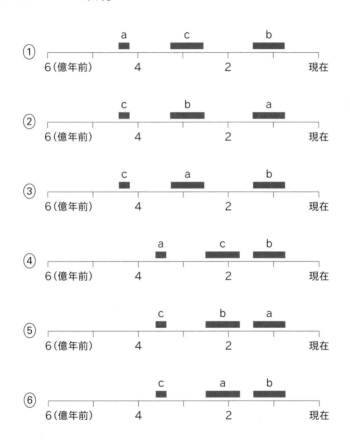

3 地質と地質年代の生物に関する次の文章を読み，後の問い（**問1**・**問2**）に答えよ。

次の図3は，ある地域の地質断面の模式図である。図中の泥岩層からは三葉虫，石灰岩層からはフズリナ，砂岩層からはトリゴニア，礫岩層からはデスモスチルスの化石が産出する。また，泥岩層と石灰岩層の一部は火成岩Aによって接触変成作用を受けており，泥岩層，石灰岩層，砂岩層は断層Bによってずれている。

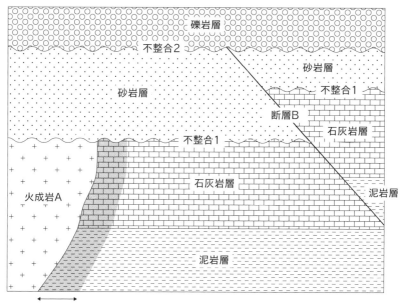

図3　ある地域の地質断面の模式図

問1 図3の地層中から産出した4種類の化石についての記述として**誤っている**ものを，次の①～④のうちから一つ選べ。

① 節足動物が含まれている。

② 脊椎動物が含まれている。

③ 陸上植物が含まれている。

④ 二枚貝が含まれている。

問 2　前ページの図 3 の火成岩 A と断層 B の形成年代の組合せとして最も適当なものを，次の①～⑥のうちから一つ選べ。

	火成岩 A の形成年代	断層 B の形成年代
①	2 億5200万年前から 2 億100万年前までの間	260万年前から 20万年前までの間
②	2 億5200万年前から 2 億100万年前までの間	6600万年前から 2300万年前までの間
③	4 億1900万年前から 3 億5900万年前までの間	260万年前から 20万年前までの間
④	4 億1900万年前から 3 億5900万年前までの間	6600万年前から 2300万年前までの間
⑤	5 億3900万年前から 4 億8500万年前までの間	260万年前から 20万年前までの間
⑥	5 億3900万年前から 4 億8500万年前までの間	6600万年前から 2300万年前までの間

 地球の変遷に関する次の問い（**問 1**）に答えよ。

問 1　地球形成初期の地球の大気と海洋について述べた次の文 a・b の正誤の組合せとして最も適当なものを，下の①～④のうちから一つ選べ。

a　原始地球の地表の温度が下がると，原始大気中の水蒸気が凝結して雨として地表に降り，原始海洋ができた。

b　原始大気に含まれていた大量の二酸化炭素は，原始海洋に溶け込んで減少した。

	a	b
①	正	正
②	正	誤
③	誤	正
④	誤	誤

地球の環境

THEME
36 人間がもたらす環境の変化

🏛 **GUIDANCE** 　人類のもつ技術は加速度的に進歩を続けている。ここ100年程度という，地球史から見たら瞬き程度の期間において，様々なデータが蓄積し，そして解析されるようになった。現状を把握し，その延長に地球環境の未来を見ることはできるのだろうか。

POINT 1 　人間の活動と気温の変化

　THEME35で学んだように，第四紀に入ると，地球は温暖な時期と寒冷な時期を繰り返してきた(→ p. 200)。地球の気温に変動をもたらす要因はさまざまで，太陽活動の変化だけでなく，温室効果ガス(→ p. 95)などからも影響を受ける。温室効果ガスは温室効果(→ p. 95)をもたらし，地球の気温を上昇させるはたらきがある。

　大気中の温室効果ガスの濃度は，自然変動だけでなく，人間の活動によっても変動する。18世紀後半に産業革命が起こり，化石燃料(石油・石炭・天然ガスなど)を使うようになってから，主要な温室効果ガスである二酸化炭素の大気中の濃度が上昇し続けている(図1)。とくに20世紀後半からは二酸化炭素の濃度が急激に増加しており，世界の平均気温が上昇傾向にある(p. 213図2)。このように，長期的に地球の平均気温が上昇し続けている現象を地球温暖化という。

1石油や石炭，天然ガスを燃焼させると，二酸化炭素が放出される。

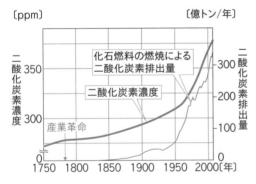

図1　大気中の二酸化炭素の変化
ppm は濃度を表す単位で，1 ppm は100万分の1を表す。産業革命までの1000年間は，二酸化炭素濃度が280 ppm 前後で安定していたが，その後約200年間で約380 ppm まで上昇した。

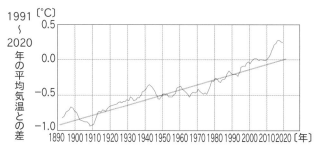

図2 世界の平均気温の変化

気候変動に関する政府間パネル（IPCC）[2]は，人間の活動によって排出された温室効果ガスが，地球温暖化に影響を及ぼしていることを指摘している。地球温暖化は今後も続くと予測されており，気温の上昇幅を抑えるためには，温室効果ガスの排出量を減らすことが必要であると考えられている。

POINT 2 地球温暖化がもたらすリスク

地球温暖化に伴って，世界各地で氷や雪の地域が減少している。氷や雪はアルベド（→ p.92）が大きく，太陽放射の多くを反射する。したがって，氷や雪が減ると地表が吸収する太陽放射が増加するため，地表の温度は上昇し，さらに氷や雪をとかす[3]。また，氷や雪がとけたり，海面水温が上昇して海水が膨張したりすると[4]，海面の上昇が起きる。20世紀の100年間で世界の平均海面は20cm近く上昇しており，このまま温暖化が進めばさらに上昇すると考えられている。標高が低い島国は，海面上昇によって水没するおそれがある。

地球温暖化は，大洪水や干ばつといった異常気象の原因にも結び付いている可能性が指摘されている。こうした異常気象は人間の活動だけでなく，生態系にも悪影響を及ぼすと懸念されている。

国連では1992年に，「気候変動に関する国際連合枠組条約」（UNFCCC）が採択された。これを受け，1995年から（気候変動枠組条約）締約国会議（COP）が毎年開催されるなど，地球温暖化に対する世界的な取り組みが続いている。ただし，各国における状況が異なるので，協調して地球温暖化の緩和策を実施するには課題も多い。

CHAPTER 5 地球の環境

　次の図1は，南極の氷に閉じ込められた気泡の分析から得られた，過去20万年における大気中の二酸化炭素濃度の変化を示す。また図2は，近年の二酸化炭素濃度の変化を示す。

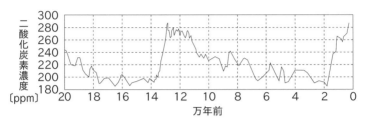

図1　過去20万年の二酸化炭素濃度の変化

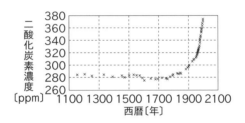

図2　近年の二酸化炭素濃度の変化

　図2で示される，二酸化炭素の西暦1900年～2000年の平均的な増加の速さは，図1の2万年前～1万年前の平均的な増加の速さのおよそ何倍か。最も適当なものを，次の①～④のうちから一つ選べ。

①　2倍　　　　②　10倍　　　　③　100倍　　　　④　1000倍

....

解答　③

解説　図2から，西暦1900年～2000年では二酸化炭素濃度が300ppmから380ppmに増加したと読み取れる。つまり，100年間で380−300＝80ppm増加したとわかる。一方図1から，2万年前～1万年前では二酸化炭素濃度が190ppmから260ppmに増加したと読み取れる。つまり，1万年間で260−190＝70ppm増加したとわかる。これを100年間あたりに換算すると，0.7ppmとなる。したがって，二酸化炭素濃度の1900年～2000年の平均的な増加の速さは，2万年前～1万年前に比べて，80÷0.7≒114倍で，最も近いのは③となる。

　地球の成層圏にあるオゾン層（→ p. 84）は，太陽放射のうち，生物に有害な紫外線を吸収し，地球上の生命を保護している。ところが，1970年代後半になって，南極上空にオゾンの濃度が低い部分が出現することがわかった。この領域は右の図3に示すように，まるでオゾンの穴が空いているように分布することから，**オゾンホール**とよばれるようになった。

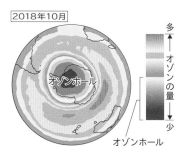

2018年10月

オゾンホール

多
→オゾンの量→
少

オゾンホール

図3　オゾンホール

気象庁のデータをもとに作成。

　オゾンホールができた主な原因は，フロン（フロン類）の排出であることがわかっている。フロンは無色無臭の安定した化学物質なので，かつては冷蔵庫やエアコンなどの冷却材や電子部品の洗浄剤として大量に使われていた。フロンは大気中に放出されると，長い時間をかけて成層圏に達し，そこで紫外線によって分解される。フロンは分解されると塩素原子を放出するが，この塩素原子が次々とオゾンを分解するため，オゾン層が破壊されてしまうのである。オゾンホールが南極上空にできたのは，フロンが成層圏で起こる対流によってとくに南極上空に集まりやすいためである。また，南極では春（9〜11月ごろ）になると太陽光がよく当たるようになるので，オゾンホールは毎年春に出現している。

5 炭素やフッ素，塩素などからなる化合物の総称。

6 塩素原子がオゾンと反応すると，一酸化塩素と酸素ができる。一酸化塩素が酸素原子と反応すると，塩素原子が生じる。この塩素原子が再びオゾンと反応し，オゾンを分解する。このようにして，1個の塩素原子がいくつものオゾンを連鎖的に分解するのである。

7 南極は南半球にあるので，北半球とは季節が逆になる。

CHAPTER 5

地球の環境

オゾン層が破壊されて紫外線が多く地上に到達するようになると，皮膚がんや白内障といった病気が増えたり，生態系に悪影響を及ぼしたりすることが懸念されている。こうした危機に対応するため，1987年に「オゾン層を破壊する物質に関するモントリオール議定書」が採択された。これによって，フロンをはじめとする，オゾン層を破壊する物質の製造や使用が規制されるようになった。2000年代以降，オゾン層は徐々に回復し始めているが，フロンは安定した物質であり大気中に長く留まるので，オゾンホールが現れる前の水準に戻るにはさらに数十年かかると考えられている。

EXERCISE 2

　次のア～ウに入る語句を後の**語群**から選んで答えよ。

　フロンと総称される物質がある。フロンは主に　ア　で放出される。放出されたフロンの一部は，　イ　圏にまで達し，極へと運ばれる。極に運ばれたあと，フロンに由来する　ウ　が，春先にオゾンを破壊するようになる。このようにして，オゾンホールが形成される。

　語群：永久凍土　海水面　人口密集地域　成層　中間　熱
　　　　　塩素　窒素化合物　硫黄化合物　アルゴン

....

解答　ア：人口密集地域　イ：成層　ウ：塩素

解説　代表的なフロンに，クロロフルオロカーボンという物質がある。クロロは塩素，フルオロはフッ素，カーボンは炭素を意味する。フロンが放出されるのはエアコンや冷蔵庫が用いられる地域，すなわち人口密集地域である。成層圏での循環に乗って極へ運ばれたフロンは，紫外線によって塩素を発生させ，極付近のオゾン層に連鎖的な破壊をもたらす。

POINT 4 大気汚染物質

　工場や自動車などから排出されるガスの中には，大気を汚染する物質が含まれていることがある。たとえば，石炭や石油などを燃焼すると，硫黄酸化物や窒素酸化物が排出される。これらが大気中を移動する間に水蒸気や酸素と反応すると，それぞれ硫酸や硝酸となる。これらが溶けることで強い酸性を示す雨を，<u>酸性雨</u>という。酸性雨は土壌や湖沼を酸性化して森林や魚類に悪影響を及ぼしたり，石造建築物を溶かしたりする。

　また，大気中に漂う微粒子のことを<u>エーロゾル</u>(エアロゾル)という。エーロゾルには，火山や土壌などから自然に放出されるものもあれば，工場や自動車などから人間が放出するものもある。春に日本列島に飛んでくる<u>黄砂</u>は，エーロゾルの一種である。下の図4に示すように，中国やモンゴルの砂漠で，砂漠の粒子が低気圧によって上空に巻き上げられ，偏西風に乗って東に移動する。近年，過剰な耕作などによって砂漠化が進んだ影響で，黄砂が観測される地域が広がっている。黄砂が飛ぶことで空の見通しが悪くなったり，黄砂を吸い込むことで呼吸器に悪影響を及ぼしたりすることが懸念されている。

8 通常の雨は大気中の二酸化炭素が溶けているため，弱い酸性(pH5.6 程度)を示す。これよりも酸性が強い，つまりpH が小さい雨を，一般に酸性雨とよぶ。

図4　黄砂が飛んでくる仕組み
黄砂は日本では昔から観測されてきたが，近年その範囲が広がっている。

　エーロゾルのうち，直径約 2.5 μm 以下のとくに小さいものは <u>PM 2.5</u> とよばれている。PM2.5 はその小ささゆえに，人間が吸い込むと肺まで届きやすい。工場や自動車などから排出されるガスには，人体に有害な PM2.5 が含まれていることが指摘されている。

CHAPTER 5

地球の環境

　酸性雨について述べた次の文のうち，正しいものに○を，誤っているものに×を付けよ。

① 排ガス規制が強化された日本でも，酸性雨は観測されている。

② 大気中の二酸化炭素が増加して，酸性雨が生じている。

③ 原子力発電が，広域にわたる酸性雨の原因となっている。

④ 酸性雨が湖沼の魚類に与える影響は大きいが，樹木への影響はほとんどない。

`解答` ①：○　②：×　③：×　④：×

`解説` 酸性雨は，人口密集地域，すなわち工場が多い地域で発生しやすい。大気中の窒素酸化物や硫黄酸化物は，偏西風などの風に乗って運ばれる。日本で起きている酸性雨の原因となる，これらの物質の半分程度は中国由来であると推定され，現在も酸性雨は観測されている。大気中の二酸化炭素は雨水や雪を弱酸性にしているが，それを上回る酸性度をもつ雨が酸性雨（雪）である。よって，大気中の二酸化炭素の増加は酸性雨の原因とは言えない。原子力発電は，二酸化炭素や硫黄酸化物・窒素酸化物を放出することはない。酸性雨は，建物や湖沼，森林，そしてそこに生息するさまざまな生物に大きな影響を与えている。

SUMMARY & CHECK

☑ 地球温暖化：地球の平均気温が上がり続けている現象
　→人間の活動で二酸化炭素の排出量が増え，温室効果が強まっていることが原因と考えられている

☑ 地球温暖化がもたらす影響：
　氷や雪の地域の減少，海面の上昇，異常気象の頻発など

☑ オゾン層の破壊：大気に排出されたフロンがオゾンを分解し，南極上空にオゾンホールが出現

☑ 大気汚染物質による環境問題：酸性雨や黄砂，PM2.5 など

THEME
37　エルニーニョ現象とラニーニャ現象

📖 **GUIDANCE**　大気や海洋はどこまでもつながっている。実際，エルニーニョ現象とラニーニャ現象は，赤道太平洋という限られたエリア内で完結する現象ではなく，地球規模の気圧変化を反映したものである。日本列島への影響も含めて，これらの現象を見ていこう。

POINT 1　エルニーニョ現象

　世界各地の海面水温は，大気の動きから大きな影響を受ける。たとえば，赤道太平洋（太平洋の赤道付近）では，貿易風（→ p. 104）が東から西に向かって吹いている。このため，インドネシア周辺の赤道太平洋西部には暖かい海水が集まり，海面水温が高くなる。一方，南アメリカのペルー沿岸の赤道太平洋東部では，深層の冷たい海水が湧き上がり，海面水温が低くなっている（図1）。

　ところが，数年に一度，赤道太平洋のうち，東部の海面水温が平年値[1]よりも高くなり，その状態が1年程度続くことがある。これをエルニーニョ現象という。エルニーニョ現象は，貿易風が弱まり，赤道太平洋西部に集まっていた暖かい海水が東側にも広がることで，赤道太平洋東部で冷たい海水の湧き上がりが弱まるために発生する（図2）。

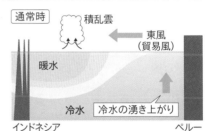

図1　赤道太平洋における大気と海洋の関係（平常時）
太平洋西部では海面水温が高く，水蒸気が盛んに蒸発して上昇するので，積乱雲が発達して多量の雨が降りやすくなる。

[1] 過去30年間の気象データの平均値を平年値という。気象庁では2021年から10年間，1991年〜2020年の気象データの平均値を平年値として使用することになっている。

図2　エルニーニョ現象
暖かい海水が東側にも広がることで，積乱雲が発生して雨が降る場所も東側にずれる。

エルニーニョ現象は，地球温暖化やオゾン層の破壊とは異なり，人間活動とは関係なく発生する現象だが，日本を含め，世界各地の気候にさまざまな影響を及ぼす。このため，気象庁では赤道付近の太平洋東部の海域をエルニーニョ監視海域と設定し，継続的に気象データを収集している（図3）。

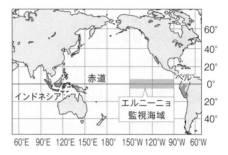

図3　気象庁のエルニーニョ監視海域

POINT2　ラニーニャ現象

　エルニーニョ現象とは逆に，赤道太平洋東部の海面水温が平年値よりも低い状態が続くことを，ラニーニャ現象という。ラニーニャ現象は，貿易風が強まり，暖かい海水が平常時よりもさらに西側に集まることで，赤道太平洋東部で冷たい海水の湧き上がりが強まるために発生する（図4）。

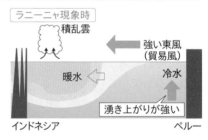

図4　ラニーニャ現象

暖かい海水が平常時よりもさらに西側に集まることで，インドネシア周辺ではさらに盛んに積乱雲が発達する。

　エルニーニョ現象とラニーニャ現象は数年おきにおおむね交互に発生しているが，必ずしも決まった周期ではない。

POINT3　エルニーニョ現象とラニーニャ現象が及ぼす影響

　エルニーニョ現象が起こると，インドネシア周辺，つまり赤道太平洋西部の水温が下がるので，この地域での上昇気流が弱まる。通常，赤道付近の熱帯収束帯で上昇した大気が中緯度の亜熱帯高圧帯で下降することで太平洋高気圧（→ p. 227）ができる。このため，赤道付近での上昇気流が弱まると太平洋高気圧の勢力も弱まり，日本付近では冷夏になりやすい。また，冬は冬型の気圧配置（→ p.226）が弱まり，暖冬になる場合が多い。

ラニーニャ現象が起こると，エルニーニョ現象のときとは逆に，太平洋高気圧の勢力が強まるため，日本付近では暑い夏になりやすい。また，冬は冬型の気圧配置が強まり，寒い冬になる場合が多い。

エルニーニョ現象やラニーニャ現象は，日本だけでなく世界各地の天候にも影響を与える。たとえばペルーでは，エルニーニョ現象が起こると大雨が降りやすくなったり，漁業に悪影響が起きたりする。また，インドネシアやオーストラリアでは，エルニーニョ現象が起こると降水量が減って干ばつに見舞われ，山火事が起きたり農業が被害を受けたりしている。

2 赤道太平洋東部では，湧き上がってくる冷たい海水が栄養分に富んでいるため，多くの魚が集まりやすい。ところがエルニーニョ現象が起こると，この海水の湧き上がりが弱まり，不漁となる。

EXERCISE 4

次のア〜ウに入る語句を後の**語群**から選んで答えよ。

赤道太平洋で東から西に向かって吹いている貿易風が ア まることで，平年に比べて南米沖の海水温が イ することがある。この現象はエルニーニョ現象とよばれ， ウ に一度起こる現象である。

語群：強　弱　上昇　下降　数か月　数年　十数年

⋯⋯⋯⋯⋯⋯⋯⋯⋯⋯⋯⋯⋯⋯⋯⋯⋯⋯⋯⋯⋯⋯⋯⋯⋯⋯⋯⋯⋯⋯⋯⋯⋯⋯⋯⋯⋯⋯

解答　ア：弱　イ：上昇　ウ：数年

解説　数年に一度，西へ向かう風である貿易風が弱まって，海洋表層の暖水が赤道太平洋東部に押し戻されるような状態となり，南米（ペルー）沖での海水温上昇が顕著となる。この現象をエルニーニョ現象という。エルニーニョ現象が起こると，ペルー付近では漁業や農業が打撃を受ける。

EXERCISE 5

　次のア〜オに入る語句を後の**語群**から選んで答えよ。ただし，同じ語を繰り返し用いてよい。

　インドネシア付近では，海水温が高いため，水蒸気を多量に含む空気の上昇が盛んである。空気は上昇すると温度が　ア　ので，飽和水蒸気量が　イ　くなり，露点に達し，水蒸気が凝結することで雲ができる。一方，海面上では，上昇した空気を補うように周囲から風が吹き込み，海水の流れが生じる。

　インドネシア付近は暖水域であるため，大気中に上昇流が生じ，低圧となっている。エルニーニョ現象が起きると，この上昇流が　ウ　るため，日本付近に影響を与える太平洋高気圧が　エ　る。その結果，夏は　オ　となりがちである。

　語群：上がる　下がる　大き　小さ　強ま　弱ま　冷夏　猛暑

・・・

解答　ア：下がる　イ：小さ　ウ：弱ま　エ：弱ま　オ：冷夏

解説　インドネシア付近のように，赤道付近では海水面からの水蒸気の上昇が盛んである。上空は海面に比べて低温であり，飽和水蒸気圧は小さくなる。すなわち，温度低下によって水蒸気が凝結しやすくなる。凝結により放出された熱は，大気の上昇を促進する。

　さらに，上昇した空気を補うように海面付近では風が吹き込み，風が暖水を運んできて大気の上昇は強化されていく。ハドレー循環による赤道付近での上昇流は，緯度30°付近で下降し，亜熱帯高圧帯を形成する。太平洋高気圧は，このようにしてできた高気圧の一つである。エルニーニョ現象の際はハドレー循環が弱まり，太平洋高気圧も弱まる。その結果，日本列島付近は冷夏・暖冬の傾向となる。

😊　**SUMMARY & CHECK**

☑ <u>エルニーニョ現象</u>：赤道太平洋東部で，海面水温が平年値よりも高くなる現象。貿易風が弱まるときに起こる

☑ <u>ラニーニャ現象</u>：赤道太平洋東部で，海面水温が平年値よりも低くなる現象。貿易風が強まるときに起こる

THEME

38

自然の恵みとエネルギー

> **GUIDANCE**　雨は飲料水や農業用水をもたらすが，川の氾濫で人命が奪われることもある。世界中の活火山の約7％が日本列島に集中し，火山の景観や温泉を楽しむことができる。一方，火砕流は一瞬にして麓の村を破壊することがある。日本列島ではまさに，恩恵と災害は紙一重であることが実感できる。

POINT 1　日本の火山と鉱物資源

　THEME9で学んだように，日本には多数の火山がある（→ p.56）。火山は噴火などの災害をもたらす一方で，付近に温泉が多く，景観にも優れることから，観光地になっている地域が多い。また，火山の地下の熱で温められた水蒸気でタービンを回して発電するという，地熱発電を行っている地域もある。

　火山の地下や周辺では，マグマから放出された熱水に，溶けていた金属元素が鉱物となって沈殿しているところがあり，これを熱水鉱床という。日本周辺の海底にはマグマから放出された熱水が噴出している場所が多くあり，その周囲に熱水鉱床が見られる。熱水鉱床には金や銀などが含まれていることから，採掘技術の開発が進められている。

　現在の日本では多くの鉱物資源を輸入に頼っているが，セメントの原料になる石灰岩は自給率100％を達成している。日本で採掘される石灰岩は，海山の上で形成されたサンゴ礁がプレートの沈み込みによって付加体（→ p.33）となってできたものである。

POINT 2　日本の海と水資源

　日本は周囲を海に囲まれており，国土の面積に比べて領海・排他的経済水域[3]が広い。このため，漁業が盛んであるほか，海底資源に注目が集まっている。日本周辺の海底には熱水鉱床のほか，メタンハイドレートの存在が確認されている。メタンハイドレートは化石燃料の一種で，氷の結晶の中にメタンが取り込まれた構造の物質である。海底のメタンハイドレートを採掘し，実用化することができれば，日本のエ

[1] 地下水が火山のマグマ溜まりで温められ，地表に湧き出すことで温泉ができる。なお，火山に由来しない温泉もある。

[2] 回転式の機械の一種。タービンが回転することで発電機内の磁石が回転し，電気が生まれる。

[3] 領海の外側で，沿岸から200海里（約370km）以内の水域。この水域では沿岸国が水産資源や鉱産資源を利用する権利をもつ。

ネルギー自給率が改善できると期待されている。

　また，日本は世界の中では降水量が多く，大雪や大雨といった災害に見舞われる一方，水資源に恵まれた国である。水資源は飲料水や産業用水に利用されるほか，急傾斜で流量の多い河川を活かして，ダムなどによる水力発電にも役立てられている。

EXERCISE 6

　日本の自然環境がもたらす恵みについて述べた次の文のうち，正しいものに○を，誤っているものに×を付けよ。

① 日本列島はプレートの収束境界に位置する造山帯であり，その気候が温暖湿潤であるため，急傾斜で流量の多い河川が数多く存在し，水力発電に利用されている。

② 火山の周辺では，マグマの影響により地下浅部まで高温であり，この熱エネルギーを蒸気や熱水として取り出し，地熱発電が行われている。

③ 日本周辺の海底では，火山活動に伴って熱水が噴出しており，この熱水に含まれる有用成分が沈殿したものは，化石燃料として利用されている。

....

解答 ①：○ ②：○ ③：×

解説 日本列島には急傾斜で流量の多い河川が多い。こうした河川は高低差が大きいので，多くの位置エネルギーを取り出すことができ，水力発電に向いている。また，火山の多い日本は地熱発電が盛んである。日本周辺の海底では，火山活動に伴って熱水が噴出しているが，この熱水に含まれる有用成分は金や銀などの金属であり，化石燃料ではない。化石燃料は，大昔の生物の遺骸が元になっているもので，石炭や石油，天然ガスなどがある。

現在，私たちが消費するエネルギーの多くは，石油や石炭，天然ガスといった化石燃料から得ている。化石燃料は大昔の生物の遺骸が元になってできたものだが，その埋蔵量には限りがある。また，化石燃料の燃焼時に二酸化炭素が発生することから，地球温暖化(→ p. 212)につながることが懸念されている。こうした事情を踏まえ，近年では化石燃料に替わる<u>代替エネルギー</u>を利用する動きが広まっている。

代替エネルギーには，ウランという鉱物を利用する原子力や，燃料電池などに使われる水素のほか，自然によって供給されて枯渇の心配がない再生可能エネルギーがある。再生可能エネルギーには，太陽光・風力・地熱・潮汐・バイオマスなどがあり，それぞれ安定してエネルギーを取り出して利用できるよう研究が進められている。

4 主に月や太陽が地球に及ぼす引力によって，海面の高さが1日に1〜2回高くなったり低くなったりすること。高くなったとき(満潮)と低くなったとき(干潮)の高さの差を利用してつくった水流で発電をするのが，潮汐発電である。

5 家畜のふんや木屑，<ruby>籾殻<rt>もみがら</rt></ruby>など，動植物から生まれた資源の総称。これらを燃焼して発電を行う。

SUMMARY & CHECK

☑ 火山の恵み：温泉などの観光資源，地熱発電など

☑ 水の恵み：漁業や海底資源，水力発電など

☑ <u>代替エネルギー</u>：化石燃料に替わるエネルギー
　　→水素や原子力，再生可能エネルギーなど

39 日本の四季と気象災害

GUIDANCE　天気は西から変わる。これは，日本列島が偏西風の影響下にあるからである。偏西風は西から東へと，せっせと低気圧や高気圧を運ぶ。中緯度地域にある日本列島は，季節による太陽高度の変化により，年間を通した気温の変化も大きい。季節の変化は季節風（モンスーン）をもたらす。表情豊かな日本の四季を見ていこう。

POINT 1　日本の四季

　大陸や海洋の上にある，気温や湿度などの性質が一様な空気のかたまりのことを**気団**という。気団は，大陸や海洋の上にできた高気圧があまり動かないときに，高気圧に伴ってできることが多い。右の図1に示すように，日本列島周辺には異なる性質をもつ気団がいくつかあり，これらの勢力が変化することで，日本の天気も変化して四季をもたらす。

図1　日本付近の気団
それぞれの気団がとくに発達する季節と，対応する高気圧を示している。

冬の天気

　冬のシベリア付近では地表が冷えて<u>シベリア高気圧</u>が発達し，冷たく乾燥したシベリア気団ができる。このとき，日本の東の海上では低気圧が発達することで，<u>西高東低</u>とよばれる冬型の気圧配置となる（図2）。シベリア高気圧から吹き出す北西の季節風は冷たく乾燥しているが，日本海を通るときに大量の水蒸気を含む。この季節風が日本列島の山脈にぶつかると，日本海側に多量の雪を降らせる。一方，山脈を越えた季節風は水蒸気を失い再び乾燥した風となるので，太平洋側では乾燥した晴れの天気になる。

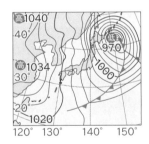

図2　西高東低となっている日本の冬の天気図

春の天気

　4〜5月ごろの日本では，偏西風の影響で，移動性高気圧と温帯低気圧（→ p. 105）が交互に通過する（図3）。移動性高気圧が通過すると晴れになり，温帯低気圧が通過すると雨が降るというように，天気が周期的に変化する。

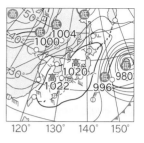

図3　日本の春の天気図
移動性高気圧と温帯低気圧が，西から東に向かって，日本列島を交互に通過する。

PLUS　春一番

　2月下旬ごろにシベリア高気圧が弱まると，日本海上で温帯低気圧が発達し，この温帯低気圧に向かって暖かい南寄りの強い風が吹くことがある。この風のうち，立春（2月4日ごろ）から春分（3月21日ごろ）までの間に，日本の広い範囲で初めて吹くものを春一番という。

梅雨の天気

　春から夏に移り変わる時期になると，日本列島の北東側にあるオホーツク海上でオホーツク海高気圧が発達し，冷たく湿ったオホーツク海気団ができる。一方，太平洋上で太平洋高気圧が発達し，暖かく湿った小笠原気団ができる。オホーツク海気団と小笠原気団の境界には停滞前線が形成され，日本付近に停滞する（図4）。この結果，日本では雨や曇りの日が続く。この時期を梅雨とよぶことから，この時期にできる停滞前線を梅雨前線ともいう。

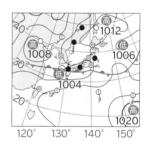

図4　日本の梅雨の天気図
日本列島に梅雨前線が横たわっている。

夏の天気

　小笠原気団の勢力が増し，梅雨前線が北に移動すると，梅雨が明けて夏が訪れる。夏には太平洋高気圧が日本を覆って高温多湿となり，晴れの日が続く。このとき，気圧は南の方が高く，北の方が低いため，夏型の気圧配置のことを南高北低とよぶことがある。

秋の天気

　小笠原気団の勢力が衰えると，大陸やオホーツク海からの寒気団が南下し太平洋高気圧を押し出す形で南に移動する。北の寒気団と小笠原気団の境界には秋雨前線とよばれる停滞前線が形成され，日本付近に停滞する。秋雨前線が停滞しているときは雨や曇りの日が多くなる。また，この時期には台風(→ p. 106)が接近することが多い。台風から暖かく湿った空気が秋雨前線に吹き込むと，激しい雨が降ることがある。

　10月ごろになり，秋雨前線が南下した後は，春と同様に移動性高気圧と温帯低気圧が交互に通過し，天気が周期的に変化するようになる。

EXERCISE 7

　次のア〜エに入る語句を後の**語群**から選んで答えよ。

冬の日本は，　ア　高気圧からの季節風の影響を大きく受ける。春になると，天気は安定せず周期的に変化する。これは，大陸からの　イ　高気圧と温帯低気圧の影響によるものである。夏には，　ウ　高気圧の影響で南高北低の気圧配置となる。　ウ　高気圧に覆われて地表付近が高温となり，　エ　雲が発生し雷雨となることもしばしばである。

　語群：移動性　オホーツク　太平洋　シベリア　積乱　高層　乱層

- -

解答　ア：シベリア　イ：移動性　ウ：太平洋　エ：積乱

解説　冬の日本列島には乾いた北西の季節風が大陸からやってくる。これは，シベリア高気圧によるものである。春が近づくと，シベリア高気圧は弱まり，大陸から移動性高気圧と温帯低気圧が交互にやってくる。梅雨の時期には，冷たく湿ったオホーツク海気団と，暖かく湿った小笠原気団の境界で梅雨前線が停滞する。オホーツク海高気圧が弱まると太平洋高気圧が広く日本列島を覆い，晴れるが湿度が高く蒸し暑い日が続く。日射で暖まった地表からは水蒸気を多く含んだ空気が上昇・対流し，積乱雲が雷雨をもたらす。これが夕立である。

POINT 2 気象災害

　狭い範囲に数時間にわたって激しく雨が降ることを集中豪雨という。集中豪雨は停滞前線などに湿った空気が流れ込み，積乱雲が次々と発達するときに起こる。近年，日本での集中豪雨の発生回数は増加傾向にある。

　また，夏から秋にかけて日本に接近する台風は，暴風や大雨だけでなく，海岸に高潮をもたらす。高潮は海面の水位が平常時よりも高くなることをいう。台風で気圧が低下して海面が上昇し(吸い上げ効果)，さらに強い風で海水が吹き寄せられること(吹き寄せ効果)で，海岸の近くで海面の水位が高くなるのである。高潮によって海面の水位が堤防の高さを超えてしまえば，海岸付近に海水が流れ込み，家屋などへの浸水被害が発生する。

　日本には山地が多く，急な斜面が各地にある。集中豪雨や台風によって，このような地域に激しい雨が降ると，土砂災害を引き起こすことがある。土砂災害は発生形態によって，斜面崩壊・土石流・地すべりの3種類に分類されている。斜面崩壊は急斜面で土砂や岩石が一気に崩れ落ちる現象で，がけ崩れともいう。土石流は，谷底に堆積していた土砂や岩石が水と混じり合って一気に流れ下る現象である。地すべりは，山の斜面がゆっくりとすべり落ちる現象である。

　大都市では，人間の活動によって多くの熱が排出され，コンクリートやアスファルトでできた建物や道路が熱を溜めやすいことなどから，郊外よりも気温が高くなる傾向にある。これをヒートアイランド現象という。近年では地球温暖化(→ p.212)にヒートアイランド現象が加わることで大都市の気温上昇が顕著に見られ，熱中症などの健康被害が懸念されている。

SUMMARY & CHECK

☑ 日本の四季：
　　冬…シベリア高気圧が発達し，西高東低とよばれる気圧配置になる
　　春・秋…移動性高気圧と温帯低気圧が日本を交互に通過し，天気が周期的に変化
　　梅雨…北でオホーツク海高気圧，南で太平洋高気圧が発達
　　夏…太平洋高気圧が発達し，高温多湿で晴れの日が続く
☑ 集中豪雨や台風は，土砂災害を引き起こすことがある

地震・火山による災害と防災

GUIDANCE 現代では多くの病気が治療可能である。これは，先人達の努力の結果である。天気予報や地震の予測にも同じことが言える。日々のデータの蓄積が，自然災害を防ぐことはできないまでも，軽減することはできるようになるだろう。そのためにも，実際の災害のメカニズムを知ることが重要である。

POINT 1 地震による災害

　地震の激しい揺れは，建物の倒壊や火災，土砂災害(→ p. 229)など，さまざまな災害を引き起こす。また，川や海の近く，埋め立て地といった，水を多く含む砂の層では，地震による振動によって，互いにくっついていた砂の粒子の構造が崩れ，砂の層が液体のように振る舞うことがある。この現象を<u>液状化現象</u>という(図1)。液状化現象が起こると，その地盤の上に乗っている建物が沈んだり，地中から軽い配水管が浮き上がったりする。

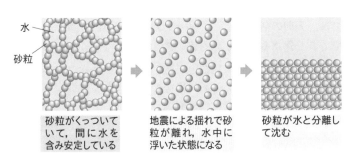

図1　液状化現象の仕組み

　海底で地震が起こると，海底が瞬間的に動くことで，<u>津波</u>が発生することがある。海底の動きに合わせて上昇・下降した海面が元に戻ろうとするときに生まれる波が，周辺に広がっていくのが津波である(p. 231図2)。津波は水深が深いほど速く伝わり，水深が浅いほど波が高くなる。リアス海岸などの入り組んだ地形でとくに津波が高くなりやすい。遠く離れた場所で起こった地震が津波をもたらすこともある。1960年にチリで大地震が起きたときは，約1日かけて日本に津波が到達し，大きな被害をもたらした。

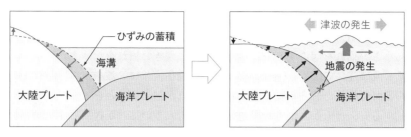

図2　津波が発生する仕組み

EXERCISE 8

　液状化現象について述べた次の文のうち，正しいものに○を，誤っているものに×を付けよ。
① 都市域以外では起こりにくい現象である。
② 地下水位が高い埋め立て地で起こりやすい。
③ マグニチュード8以上の地震でないと起きない。

解答　①：×　②：○　③：×

解説　液状化現象が起きやすいのは，海岸付近や河口付近の緩い砂地盤，埋め立て地，扇状地などである。必ずしも都市域ではない。液状化現象による災害は，建物が傾いたり地中にあった構造物が浮き上がったりするもので，これらは都市域で顕著である。また，地下水位が高い，つまり地下水が浅いところまで上昇していて，粒径が揃った砂地盤に地震の揺れが加わることで生じやすい。なお，液状化現象は砂地盤における揺れの度合い(震度)が大きいときに起こるので，マグニチュード8以上でなくても起こる。

POINT 2　地震への対策

　4枚のプレートが接している日本では，いつどこで地震が起こってもおかしくない。大地震に備えて建物の耐震性能を向上させたり，津波に備えて防潮堤を築いたりするといった対策が進んでいる。また，過去の地震や活断層の調査によって，どの地域でどの程度の地震が起こる可能性があるかを予測することはできる。しかし，「何月何日にどこでどのくらいの地震が起こるか」を予知することは，現時点では不可能である。
　発生直前に地震を予知することはできないが，発生直後に各地の地震による

揺れを予測して発信する緊急地震速報が，日本では導入されている。THEME7のPOINT4で学んだように，地震波のうち小さい揺れを起こすP波は速く伝わり，大きい揺れを起こすS波は遅れて伝わる（→ p. 46）。地震の発生直後にP波をとらえて分析し，S波が届く前に各地に揺れが起こることを通知するシステムが，緊急地震速報である。大きい揺れが起こる前に通知が届けば，身の安全を確保しやすくなる。■

■地震の震源に近い地域では，P波が到着してからS波が到着する時間，つまり初期微動継続時間が短いため，緊急地震速報の通知が間に合わないこともある。

EXERCISE 9

地震について述べた次の文のうち，正しいものに○を，誤っているものに×を付けよ。

① 日本付近で発生する巨大な地震は，プレート境界周辺で起きるものが多い。

② 大規模な地震が発生して，海底が大きく隆起すると，広範囲に海面が持ち上げられ，津波が発生することがある。

③ 緊急地震速報は，初期微動を起こすP波と主要動を起こすS波が震源を出る時刻の差を利用して，いち早く警報を出すシステムである。

解答 ①：○ ②：○ ③：×

解説 日本付近には4枚のプレートがある。プレート境界やプレート内部，内陸の地殻にひずみが蓄積しやすく，それを解放するために地震が起きる。とりわけ，プレート境界での地震は規模が大きくなることがあり，マグニチュード9クラスの超巨大地震も起きている。また，海底付近で地震が起きた際，海底が大きく隆起・沈降することがある。その結果，震源付近の海水全体が動き，その動きが伝わっていく。これが津波である。緊急地震速報は，P波の方がS波より先に伝わる性質を利用したシステムである。P波とS波は震源を同時に出るが，震源を出た後の進む速さに差があるので，到達する時刻に差が生じるのである。

POINT 3 　火山による災害

　噴火した火山から放出される物質(火山噴出物)は,人々の生活に悪影響を及ぼす。たとえば,火山灰が大量に降り積もると農地や道路などが使えなくなるし,火山ガスに含まれる二酸化硫黄は人体に有害である。粘性の低い玄武岩質マグマが噴出すると,溶岩が地表を流れ下りやすく,これを溶岩流という。溶岩流は比較的ゆっくり流れるのに対し,火砕流(→ p. 59)は高速で流れるが,いずれも高温で,建物や人に被害をもたらす。

　日本列島に多い成層火山(→ p. 62)は,溶岩と火山砕屑物が高く積み上がってできていて,不安定で崩壊しやすい。地震や水蒸気爆発[2],新たな噴火などによって火山が崩壊すると,大量の土砂や岩石が斜面を流れ下る岩なだれ(岩屑なだれ)となって,住宅地や農地などを襲うことがある。岩なだれで生じた崩壊物が海になだれ込むと,津波を起こすこともある。また,火山噴出物と雨や雪などの水が混ざって地表を流れることを火山泥流という。

[2] マグマの熱で温められて高温高圧となった水蒸気が,周囲の岩石を破壊して吹き飛ばす現象。

POINT 4 　火山噴火への対策

　火山噴火は,地震に比べるとその前兆をとらえることができるようになってきている[3]。火山が噴火する前には,マグマの上昇に伴って地表面が隆起したり,火山による地震(火山性地震)が起こったりする。こうした火山の活動を監視し,必要に応じて噴火予報や噴火警報が発表される。

　火山噴火による被害を受ける可能性のある地域では,どこでどのような災害を受ける可能性があるかを示した地図が作成されている。このような地図をハザードマップという。ハザードマップには,実際に災害が起こったときの避難場所や避難経路も示されている。また,ハザードマップは火山噴火に限らず,地震や津波,土砂災害などの自然災害に関しても作成されている。

[3] たとえば,2000年3月31日に北海道の有珠山で噴火が起こったときには,噴火2日前の3月29日に気象庁から緊急火山情報が発表され,周辺住民は事前に避難することができた。ただし,すべての火山噴火が予測できているわけではない。

EXERCISE 10

火山や火山活動について述べた次の文のうち，正しいものに○を，誤っているものに×を付けよ。

① ハザードマップには，過去の噴火から予測される溶岩流の予想流出地域が描かれているものがある。

② 流紋岩質マグマが噴出してできた溶岩流は，粘性が低いために，山の斜面を長い距離にわたって流れ，火山周辺域の集落に大きな被害をもたらすことがある。

③ 溶岩流の熱で氷河がとけて火山砕屑物に水が加わり，火山泥流が発生し，下流域に被害をもたらすことがある。

解答 ①：○ ②：× ③：○

解説 ハザードマップには，その地域特有の自然災害の被害予想が記載されている。火山災害に関しては，溶岩流や火砕流，火山灰の予想到達範囲などである。流紋岩質マグマは，粘性が高いので長距離は流れにくい。粘性が低く溶岩流として長距離を流れやすいのは玄武岩質マグマである。火山泥流は，火山噴出物に雨が加わった場合だけでなく，溶岩流などの熱で氷河がとけて生じた場合でも発生する。

SUMMARY & CHECK

☑ 地震による災害：<u>液状化現象</u>や<u>津波</u>など

☑ <u>緊急地震速報</u>：地震発生直後に地震波のP波を分析して，S波が届く前に通知

☑ 火山による災害：火山灰，溶岩流，火砕流，岩なだれ，火山泥流など

☑ <u>ハザードマップ</u>：どこでどのような災害を受ける可能性があるかや，避難所の情報を示した地図。さまざまな自然災害に関して作成されている

1 　地球の環境と自然災害に関する次の問い（**問 1 ～ 3**）に答えよ。

問 1　次の文章中の　ア　・　イ　に入れる語句の組合せとして最も適当な
ものを，後の①～④のうちから一つ選べ。

　日本の大都市の多くは，河口に近い平坦な低い土地（低平地）に立地してい
る。このような場所は，河川から運び込まれた土砂が堆積し，　ア　地盤
が広がっているため，地震発生時には強い揺れによる被害が起こりやすい。
また，水を多く含む地盤では，強い振動を受けると砂粒子が水に浮いたよう
な状態になり，建物が傾いたり，マンホールが浮き上がったりする。地震後
には，砂粒子の間の水が抜け，砂粒子がより密に配列するため，地盤が
　イ　することがある。

	ア	イ
①	かたくしまった	上昇
②	かたくしまった	低下
③	軟弱な	上昇
④	軟弱な	低下

問 2　次の文章中の　ウ　・　エ　に入れる語句の組合せとして最も適当な
ものを，下の①～④のうちから一つ選べ。

　津波による被害は，その高さや内陸への侵入
の程度によって異なる。津波の高さは，海の深
さが浅くなるにつれて　ウ　なる。また，津
波が押し寄せてから次に押し寄せるまでの時間
（周期）は　エ　で，海水は，その周期の半分
程度の時間にわたって，内陸に向かって流れ続
ける。

	ウ	エ
①	低く	数十秒
②	低く	数十分
③	高く	数十秒
④	高く	数十分

問3　地球外の天体に起因して，地球上での環境の変化や人類の活動への障害が生じる可能性がある。このことに関連して述べた次の文a・bの正誤の組合せとして最も適当なものを，下の①～④のうちから一つ選べ。

a　巨大な隕石が地球に衝突することを原因とした生物種の大量絶滅が，数万年ごとに生じている。
b　太陽表面での巨大なフレアは，地球での通信障害を引き起こす要因となる。

	a	b
①	正	正
②	正	誤
③	誤	正
④	誤	誤

2　地球温暖化に関する次の問い（問1・問2）に答えよ。

問1　次の文章中の　ア　・　イ　に入れる語句の組合せとして最も適当なものを，下の①～④のうちから一つ選べ。

　地球温暖化には，その影響を抑制もしくは促進させる仕組みがはたらくことが考えられている。たとえば，地球温暖化により雲の量が増加したと仮定する。雲の量が増加し，雲による太陽放射の反射が　ア　すると，地表気温の上昇が抑制されると予想される。一方，雲の量が増加し，雲による地表面方向の赤外放射が　イ　すると，地表気温の上昇が促進されると予想される。

	ア	イ
①	減少	増加
②	減少	減少
③	増加	増加
④	増加	減少

問2　地球温暖化に関連した温室効果について述べた文として最も適当なものを，次の①～④のうちから一つ選べ。

① 現在の地球全体の平均地表気温は，温室効果の影響がなければ0℃を下回る。
② 温室効果によってペルー沖の海面水温が上昇する現象をエルニーニョ（現象）という。
③ 温室効果は，太陽系の惑星の中で地球でしか見られない。
④ 二酸化炭素は温室効果ガスであるが，メタンは温室効果ガスではない。

3 二酸化炭素に関する次の3人の会話文を読み，後の問い（**問1～3**）に答えよ。

ヒ　コ：二酸化炭素が温室効果ガスであることは，天体観測からもわかったと聞いたけど，何を調べたの？

サクラ：(a)いろんな惑星の大気の温度と組成を調べてわかったのよ。惑星は太陽から受けた熱エネルギーで暖められているのだけど，それだけでは温度が決まらないの。

ジ　オ：地球では，二酸化炭素のような温室効果ガスが地表を適度に暖めて，人間が生存しやすい環境になっているね。

ヒ　コ：ただ，(b)二酸化炭素の濃度が，石油などの化石燃料の消費とともに高くなって，温室効果が強まってきているよね。

ジ　オ：二酸化炭素の濃度が高くて温暖だった　ア　には，海洋生物由来の有機物が大量に海底に溜まって，石油の元となったようだよ。

サクラ：このまま二酸化炭素が増え続けたら，地球は今とは違う姿になるかもね。

問1　上の会話文中の　ア　に入れる語句として最も適当なものを，次の①～④のうちから一つ選べ。

① 第四紀　　　② 新第三紀　　　③ 白亜紀　　　④ ペルム紀

問2　上の会話文中の下線部(a)に関連して，惑星の大気と表面温度について述べた次の文a・bの正誤の組合せとして最も適当なものを，下の①～④のうちから一つ選べ。

a　水星では，太陽から単位面積あたりに受ける熱エネルギーは地球より大きいが，大気がほとんどなく，夜側の表面温度は−100℃以下になる。

b　火星では，太陽から単位面積あたりに受ける熱エネルギーは地球より小さいが，二酸化炭素による温室効果があり，表面での平均温度は地球より高い。

	a	b
①	正	正
②	正	誤
③	誤	正
④	誤	誤

問3 前ページの会話文中の下線部(b)に関連して，次の図1は沖縄県の与那国島における大気中の二酸化炭素濃度の変化を表したものである。この15年間の変化傾向のまま二酸化炭素濃度が増加し続けるとすると，2100年の年平均濃度は何 ppm になるか。最も適当なものを，後の①〜④のうちから一つ選べ。

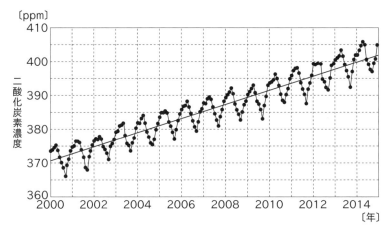

図1 与那国島における2000年1月から2014年12月までの大気中の二酸化炭素濃度の変化
図中の黒点は月平均値，直線は15年間の変化傾向を表す。

① 530 ppm ② 580 ppm ③ 630 ppm ④ 680 ppm

大気・海洋や地球環境に関する次の問い(**問1〜4**)に答えよ。

問1 次の表1は気温と飽和水蒸気量の関係を表している。この表をもとに,気温25℃,露点10℃の$1m^3$の空気塊が5℃まで冷える過程を考える。この空気塊が気温25℃のときの相対湿度(湿度)と,この空気塊が冷える過程で放出される潜熱の量を求める。それぞれの計算式の組合せとして最も適当なものを,後の①〜④のうちから一つ選べ。ただし,1gの水蒸気が凝結する際に放出される潜熱の量は2.5kJであるとする。

表1 気温と飽和水蒸気量の関係

気温〔℃〕	飽和水蒸気量〔g/m^3〕
5	6.8
10	9.4
15	12.8
20	17.3
25	23.1
30	30.4

	相対湿度〔%〕を求める式	放出される潜熱〔kJ〕を求める式
①	$(9.4 \div 23.1) \times 100$	$(9.4 - 6.8) \times 2.5$
②	$(9.4 \div 23.1) \times 100$	$(23.1 - 6.8) \times 2.5$
③	$(12.8 \div 23.1) \times 100$	$(9.4 - 6.8) \times 2.5$
④	$(12.8 \div 23.1) \times 100$	$(23.1 - 6.8) \times 2.5$

問2 オゾンやオゾンホールについて述べた文として最も適当なものを，次の①〜④のうちから一つ選べ。

① オゾンは，冷蔵庫やエアコンなどの冷媒として使用される気体である。

② オゾンは，太陽からの紫外線を吸収して地表付近の大気を暖めるので，温室効果ガスの一つとみなされている。

③ フロンがほとんど排出されなくなったことによって，オゾンホールの面積は近年急激に減少している。

④ オゾン層は，太陽からの紫外線の作用によるフロンの分解で生じた塩素原子によって破壊される。

問3 近年，地球規模での気温の上昇（地球温暖化）が起こっており，地球の平均気温は最近100年間で約 0.7℃ 上昇したとみられる。地球温暖化に関して述べた次の文 a・b の正誤の組合せとして最も適当なものを，下の①〜④のうちから一つ選べ。

a 水蒸気は温室効果ガスの一つである。

b 最近100年間の上昇率のまま気温が上昇した場合，現在から100年後の地球の平均気温は古生代以降で最も高くなる。

	a	b
①	正	正
②	正	誤
③	誤	正
④	誤	誤

問4 気象現象や気候変動は，しばしば地球上の生命や人間の活動に大きな影響を及ぼす。この気象現象や気候変動について述べた文として最も適当なものを，次の①〜④のうちから一つ選べ。

① 台風のエネルギー源は，暖かい海から蒸発した大量の水蒸気が凝結して雲となるときに放出される潜熱である。

② エルニーニョ（現象）は，大西洋の赤道域で発生する。

③ 海洋の平均水温と平均水位は，地球温暖化にもかかわらず，最近数十年間で低下し続けている。

④ 第四紀の氷期は，地球の歴史の中で最も寒冷であると考えられている。

別冊解答

大学入学
共通テスト

地学基礎
集中講義 改訂版

旺文社

別冊解答

大学入学
共通テスト

地学基礎
集中講義 改訂版

旺文社

別冊解答 もくじ

チャレンジテスト1の解答

1 答え　問1　①　　問2　②

アドバイス　**問1**　問題文中には「直径」と「半径」が，選択肢の単位には「cm」と「mm」がそれぞれ混在しているので，取り違えないように気を付けよう。

問2　過去問でも頻出事項である。問題文を落ち着いて読まないと間違えてしまうので，気を付けよう。

解説　**問1**　地球はほぼ球形だが，極半径よりも赤道半径の方がわずかに長い，横長の回転楕円体とみなすことができる。つぶれの度合いを示す偏平率は，次の式で表される。

$$(偏平率) = \frac{(赤道半径)-(極半径)}{(赤道半径)} \quad \cdots(1)$$

　本問では赤道半径と極半径の差を知りたいので，(赤道半径)−(極半径)を求めればよい。(1)式を変形すると，

$$(赤道半径)-(極半径) = (偏平率)\times(赤道半径) \quad \cdots(2)$$

となる。ここで，偏平率は$\frac{1}{300}$であり，地球儀の直径が1.3 mであることから，赤道半径は65 cmと考えることができるので，(2)式から，

$$(赤道半径)-(極半径) = \frac{1}{300}\times65\,cm = 0.216\cdots ≒ 0.2\,cm = 2\,mm$$

となる。このことから，赤道半径は極半径より約2 mm長いことがわかる。つまり，赤道半径に比べて，極半径を約2 mm短くすればよい。

問2　発散境界の代表例が海嶺である。海嶺はほとんどが海底にあるが，アイスランドにあるギャオという割れ目は，海嶺が陸上に現れた例の一つである。よって，aは正しい。収束境界には，日本列島のように海洋プレートが沈み込んでいる場合と，ヒマラヤ山脈のように大陸プレートどうしが衝突している場合がある。つまり，陸上に存在する収束境界もあるので，bは誤りである。

2 答え 問1 ④ 問2 ②

アドバイス 問1 3種類に大別されるプレート境界とそれらの違いを理解しておこう。

問2 図を読み取った上で計算をする問題である。本問のように，計算結果を選択肢から選ぶ場合は，数値をある程度大まかな数字にして計算すると時間短縮になることが多い。

解説 問1 海洋プレートは年間数 cm の速さで移動し，海溝で沈み込んでいる。そのため，プレート境界付近にひずみが蓄積し，解放されることで起こる地震は周期的に繰り返されている。したがって，④が適当である。

① 中央海嶺付近では，玄武岩質マグマが上昇して冷却・固結し，海洋地殻がつくられる。

② 火山前線は火山帯の海溝側の限界であるため，火山前線と海溝の間には基本的に火山は存在しない。

③ トランスフォーム断層は主に海嶺付近に見られるが，海嶺付近のプレートは薄く，プレート内で発生する地震の震源は浅い。震源の深さが 100 km より深い地震は，海洋プレートが他のプレートの下に沈み込む収束境界付近で発生する。

問2 マグニチュードが 1 大きくなると，地震のエネルギーは約32倍になる。ここでは計算を簡単にするため，約30倍と考えよう。図1から，マグニチュード 5.3 の地震は約100回，マグニチュード 4.3 の地震は約900回である。したがって，マグニチュード 5.3 の地震のエネルギーの総和は，マグニチュード 4.3 の地震のエネルギーの総和に比べて，$\dfrac{100}{900} \times 30 = 3.33\cdots$倍となる。これに最も近い②が適当である。

3 答え 問1 ④ 問2 ② 問3 ②

アドバイス 問1 成因別に岩石の分類ができるようになろう。

問3 岩質の違いによって溶岩の SiO_2 含有量が変化することを頭に入れておこう。

解説 問1 斑れい岩と花こう岩は火成岩で，いずれも火成岩のうち地下の深い所でゆっくり冷えて固まった深成岩である。斑れい岩は花こう岩に比べて有色鉱物の占める割合が高く，密度が大きい。これは，有色鉱物には鉄などの密度が大きい元素が多く含まれているためである。よって，この2つの岩石は密度の大きさを比較して区別すればよいから，　イ　はcが適当である。

　チャートは生物岩か化学岩であるが，多くは生物岩である。放散虫やケイ藻のように，骨格・殻に二酸化ケイ素が含まれている生物の遺骸からできている。一方，石灰岩も生物岩か化学岩であるが，その主成分は炭酸カルシウムである。炭酸カルシウムは希塩酸をかけると発泡し，二酸化炭素を出す。よって，これら2つの岩石を区別する　ウ　はaが適当である。

　斑れい岩や花こう岩といった火成岩には長石が含まれ，また深成岩であることから粗粒の鉱物で構成される。チャートは二酸化ケイ素を，石灰岩は炭酸カルシウムを主成分とし，長石を含まない。よって，　ア　はbが適当である。

問2 1000℃前後もあるマグマが0℃前後の海水で急冷され，海底で枕状溶岩が形成される。溶岩は外側から冷えるため，周縁部は急冷され，結晶が成長する時間がないが，中心部では結晶がある程度大きく成長する時間的余裕がある。つまり，表面に近い部分aは，内部の部分bよりも冷却速度が速いと予想されるので，部分bよりも細かい石基の鉱物が見られたり，結晶化できなかったガラスが見られたりする。

問3 溶岩Xと溶岩Zを比較すると，温度が低い溶岩Zの方が溶岩Xよりも粘性が高い。また，溶岩Yと溶岩Zを比較すると，SiO_2 含有量が多いデイサイト質の溶岩Yの方が玄武岩質の溶岩Zよりも粘性が高い。以上のことから，SiO_2 含有量と温度がそれぞれ粘性の高さに影響を及ぼすことがわかる。

　本問では SiO_2 含有量と粘性の関係を知りたいので，温度は同じで SiO_2 含有量が異なるときの粘度を比較すればよい。よって，溶岩Yと溶岩Zと温度が同じで SiO_2 含有量が異なる，②1000℃の安山岩質の溶岩を調べるのが適当である。

4 答え 問1 ④ 問2 ④

アドバイス 問2 選択肢の文から，地球上での具体的な場所を思い浮かべてプレートテクトニクスを説明できるようにしておこう。

解説 問1 P波とS波は震源で同時に発生し，四方八方に広がる。P波はS波よりも速く伝わるので，右図に示す通り，震源から遠いほど，P波が到達してからS波が到達するまでの時間，すなわち初期微動継続時間が長くなる。逆に，震源が近いほど初期微動継続時間は短くなるので，④が適当である。

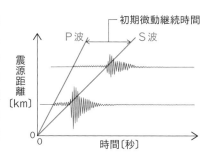

① プレートは地球表面にある固い岩盤だが，プレートの移動によってプレート内部にひずみが溜まり，このひずみが限界に達すると岩盤が破壊されて地震が起こる。

② マグニチュードは地震の規模そのものを表すので，一つの地震について値は一つに定まる。震源からの距離によってマグニチュードが変わることはない。

③ 緊急地震速報は，地震発生後，地震計がP波をとらえた後に出される。

問2 プレートテクトニクスとは，プレートが存在すること，そしてプレートが移動することを原因とする地学現象を説明しようというものである。ホットスポットは，熱いマントルの上昇流の一部が地表付近に達し，マグマの供給源となっているところである。プレートの運動によってホットスポットが形成されるわけではないので，プレートテクトニクスの考え方によって説明されることがらとして④は不適当である。

① アイスランドにあるギャオという大地の裂け目は，プレートどうしが遠ざかる発散境界で生じている。

② ヒマラヤ山脈やアルプス山脈は，プレートどうしが近づいて衝突する収束境界で形成されている。

③ 日本列島のような島弧は，海洋プレートが大陸プレートの下に沈み込む収束境界で形成され，プレートの沈み込みによって地震や火山の活動が活発である。

アドバイス　岩石は，長い年月をかけて地下深部で高温・高圧状態にさらされると，その過程で岩石の組織や鉱物の種類が変わり，元とは違った岩石になることがある。このような作用を変成作用といい，形成された岩石を変成岩という。変成岩のうち，マグマの熱が強く及ぶ範囲でできたのが接触変成岩，熱だけでなく地中深くで高圧の影響も受けているのが広域変成岩である。日本列島は，変成岩の宝庫である。

解説　**問1**　接触変成岩をつくる接触変成作用は，貫入したマグマの周囲数m〜数kmの範囲に限られるので，②が誤りである。なお，広域変成岩をつくる広域変成作用は，数百〜数千kmの広い範囲に及ぶことがある。

① 片岩は広域変成岩の一種である。鉱物が一定方向に並び，その方向に沿って割れやすい。

③ 片麻岩は広域変成岩の一種である。粗粒の鉱物からなり，花こう岩に似ている。また，有色鉱物からなる黒い縞と無色鉱物からなる白い縞が見られる。

④ ホルンフェルスは接触変成岩の一種で，緻密で硬いのが特徴である。

6 答え 問1 ③　　問2 ②　　問3 ③

アドバイス　問3　問題文と図を使い，きちんと話を組み立てなければならない。特別な解き方があるわけではないので，段階を追って考えること。

解説　問1　地震波の解析，高温高圧実験などによって，地球の内部がどのような物質でできているかは，ある程度推定されている。その結果，マントルの上部はかんらん岩質岩石でできていることがわかっているので，③が適当である。

① 大陸地殻と海洋地殻では成因も厚みも大きく異なる。海洋地殻は厚さ数 km 程度しかないのに対し，大陸地殻は厚いところで 50 km を超えている。

② 地殻とマントルの上部から構成されるのは，リソスフェアである。アセノスフェアは，リソスフェアの下の流動性が高い部分である。

④ 核は，液体の外核と固体の内核からなる。内核が固体となるのは，外核よりも高圧で金属の融点が高く，温度が高くても金属が液体にならないためである。

問2　海洋プレートは中央海嶺から離れるにつれ，冷たく厚くなっていく。よって，a は正しい。また，プレートの発散境界である中央海嶺では火山活動も地震活動も活発なので，b は誤りである。

問3　まず，図5から地震波の速度を読み取る。P 波は震源距離 50 km で到達までの時間が 10 秒であることから，50÷10＝5 km/s，S 波は震源距離 60 km で到達までの時間が 20 秒であることから，60÷20＝3 km/s である。また図4から，震源と観測点 X との距離は 20 km である。したがって，観測点 X に P 波が到達したのは，地震発生から 20÷5＝4 秒後である。それからさらに 4 秒後に緊急地震速報が発信され，発信と同時に各地点で受信されたわけだから，各地点で緊急地震速報が受信されたのは地震発生から 8 秒後である。

各地点で緊急地震速報が受信された時点で，S 波は震源から 3×8＝24 km 進んでいる。したがって，地点 A（震源からの距離 10 km）と B（震源からの距離 20 km）にはすでに S 波が到達している。一方，震源からの距離が 24 km よりも遠い位置にある地点 C と地点 D では，S 波が到達する前に緊急地震速報を受信したとわかる。緊急地震速報は，地震が発生した少し後に観測点に到達した P 波を観測して発信されるので，震源からの距離が近い地点では緊急地震速報が間に合わない場合がある。

7 答え 問1 ④ 問2 ④ 問3 ③

アドバイス 問2 初期微動継続時間を理解していれば，大森公式を使う必要はない。

解説 問1 岬の先端から海を見渡すと水平線が丸く見えるのは目の錯覚であり，地球が球形であるためではない。仮に地球が平らな円盤の形をしていても，水平線は丸く見えるので，水平線が丸く見えることは地球が球形であることの証拠にはならない。よって，④が適当でない例である。なお，地球が実際に球形に見えるには，宇宙ロケットが飛ぶ数百 km の高さから水平線を見る必要がある。

① 月食は月と太陽の間に地球が入るときに起こる。月に映る地球の影が円形であるのは，地球が球形だからである。

② 船が沖合から陸地に向かっているとき，もし地球が平らであれば，山は山頂から麓まで一望できる。そうならずに山頂からしだいに見えてくるのは，地球が球形で海面が弧を描いているからである。

③ もし地球が平らであれば，北極星（地球から十分遠くにある）の高度は南北に移動しても変化しない。

問2 図6から，初期微動継続時間は約4秒であると考えられる。また，P波の伝わる速さは5km/s，S波の伝わる速さは3km/s なので，震源から観測点までの距離を x〔km〕とすると，P波が到達するまでの時間は $\dfrac{x}{5}$〔s〕，S波が到達するまでの時間は $\dfrac{x}{3}$〔s〕である（時間＝距離÷速さ）。初期微動継続時間は，P波が到達してからS波が到達するまでの時間なので，

$\dfrac{x}{3}-\dfrac{x}{5}=4$ が成り立つ。これを解くと，$x=30$ km となる。

念のため検算しておこう。P波が到達するまでの時間は 30÷5＝6 秒，S波が到達するまでの時間は 30÷3＝10 秒であるので，初期微動継続時間は 10－6＝4 秒となり，正しいことがわかる。

問3 島の形成年代の間隔は，AB 間が90万年，BC 間が240万年，CD 間が140万年である。プレートは一定の速さで移動しているので，島の形成年代の間隔と島の間の距離は比例する。このことから正解は，BC 間がほかより長い①と③に絞られる。さらに，プレートは西北西の方向に移動していることから，形成年代が最も新しいAから西北西により離れた島ほど形成年代が古い。よって，西北西に向かうほど島の形成年代が古い③が正解となる。

チャレンジテスト2の解答

1 答え 問1 ③　　問2 ④

アドバイス　**問1**　実験の意義や目的を考えながら，頭の中で思考実験をすることが重要である。

問2　難しそうに見える問題でも，単位を見ればおおよその計算式が推定できることがある。

解説　**問1**　太陽定数とは，地球の大気の上端で，太陽光線に垂直な$1m^2$の平面が1秒間に受け取る太陽放射エネルギーのことである。本問では「太陽定数と比較することを目的に」とあるので，日射計の光を受ける面を太陽光線に垂直に置くのが適切である。また，容器に冷たい水を入れると簡易日射計の温度がいったん下がってしまい，どれだけ太陽光のエネルギーを吸収したのかがわからなくなる。そこで，容器は周囲の気温と同じ温度の水で満たすのが適切である。

問2　この問題では，水と容器が常に同じ温度変化をすることと，太陽放射がすべて反射されずに吸収されたことを前提とする。求める太陽放射エネルギーの量は「$1m^2$あたり」とあるので，1℃上昇するために必要なエネルギーの量C〔J/℃〕を面積S〔m^2〕で割らねばならない。さらに温度上昇率T〔℃/分〕は1分あたりであるため，「1秒あたり」の値に換算するにはTを60で割る必要がある。以上のことから，求める太陽放射エネルギーの量は$\dfrac{C}{S} \times \dfrac{T}{60}$となり，④が最も適当である。

2 答え **問 1** ②

アドバイス　黒潮は日本付近の南岸沖を北上する海流で，カリフォルニア海流は北アメリカ大陸の西岸沖を南下する海流である。北半球の亜熱帯海域の表層では，時計回りに大規模な循環が生じていることはおさえておこう。

解説　**問 1**　低緯度で加熱された海水が北上するため，黒潮は温度が高い。一方，冷却された海水が南下するため，カリフォルニア海流は温度が低い。このことから，正解は②と④に絞られる。また，海洋には深さ約100m～数百mの領域に水温躍層（主水温躍層）があり，ここでは水深が深くなるにつれて水温が急激に低下する。よって，深さ数百mの領域で水温の低下が起こっている②が適当である。

3 答え 問1 ④ 問2 ②

アドバイス 問1 光(電磁波)を波長の順にその特徴と関連する地学現象とともに理解して覚えよう。ランダムに覚えてはいけない。

問2 図2の座標軸と単位，曲線が何を表すかをきっちりと読み取る必要がある。

解説 問1 電磁波は波長が短いものから順に γ 線，X 線，紫外線，可視光線，赤外線，電波などに分類される。太陽から放射される電磁波にはさまざまな波長のものが含まれるが，可視光線の波長域でエネルギーが最も強い。一方，地球は主に赤外線の波長域の電磁波を宇宙に向けて放射している。

問2 縦軸は最下部が0ではなく，ちょうど真ん中が0であることに気を付けよう。北緯10°では大気による熱輸送量は0に近く，大気と海洋を合わせた熱輸送量の多くは海洋による輸送であることがわかる。つまり，北緯10°では海洋による熱輸送量の方が大気による熱輸送量よりも大きい。よって，②が最も適当である。

① 図2から，大気と海洋による熱輸送量の和は，北半球では北向き，南半球では南向きと読み取れる。

③ 海洋による熱輸送量は，図2の実線と破線の差で示される。この量は，北緯10°〜20°で最大となる。

④ 大気による熱輸送量は，図2の破線で示される。北緯70°では北向きに約 2.2×10^{15} W，北緯30°では北向きに約 3.9×10^{15} W なので，北緯30°の方が大きい。

4 答え　問1　②　　問2　①

アドバイス　**問1**　図3と問題文を素直に読み取ればよい。低気圧は文字通り周囲よりも気圧が低い，つまり空気が軽い部分である。そのため，海面を押さえつける力が弱く，海面上昇につながりやすい。「台風は暴風を伴うから空気が重い」のように誤解しないこと。

問2　問題の図を眺めるだけではなく，しっかりと必要な情報をかき込んで考えよう。なお，等圧線の間隔が狭いところほど風が強くなることは，中学理科の学習内容である。

解説　**問1**　図3の等圧線の間隔は4hPaであることを踏まえると，名古屋港の気圧は18時で981hPa，21時で963hPaと読み取れる。したがって，3時間で気圧が981－963＝18hPa低下したことになる。問題文に「気圧が1hPa低下すると海面が1cm上昇する」とあるので，気圧が18hPaほど低下すれば海面が18cmほど上昇したことになる。

　なお，本問では気圧を1hPa単位で厳密に読み取ることは要求されていない。たとえば，名古屋港の気圧を18時で約980hPa，21時で約964hPaと読み取った場合，気圧の低下は約980－964＝16hPa，海面は約16cm上昇したことになる。これに最も近いのは②なので，やはり②が正解だと導ける。

（**問2**の解説は次のページ）

問2 台風は北半球の低気圧であるから，おおむね風は反時計回りに中心へと吹き込む。次の図のように，各観測点付近で反時計回りの矢印を図にかき込んで考えよう。

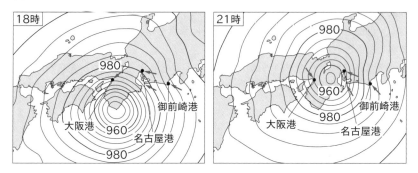

　大阪港では18時には北東から風が吹いている。つまり，陸から海へと風が吹いているので，海水は港の外に移動し，海面が平常時と比べて低下したと考えられる。一方，21時には北西から風が吹いている。この向きの風でも，海水は港に吹き寄せられず，港の外にも移動しないので，海面は平常時と比べて高さはほぼ変化しないと考えられる。以上のことから，大阪港に当てはまるのはXである。

　名古屋港では，その南側に位置する湾(伊勢湾)で，18時と21時のいずれも海から陸へと風が吹いている。このため，海水は湾の中に吹き寄せられ，湾の奥にある名古屋港では海水の逃げ道がなく，海面が平常時と比べて上昇したと考えられる。また，18時よりも21時の方が等圧線の間隔が狭いので，21時の方がより強い風が吹いていると考えられる。強い風が吹けば，海面の上昇もその分大きくなる。以上のことから，名古屋港に当てはまるのはYである。

　御前崎港では18時にも21時にも南東から風が吹いている。いずれも海から陸へと風が吹いているので，海水は港に吹き寄せられ，海面が平常時と比べて上昇したと考えられる。ただ，等圧線の間隔は18時と21時であまり変わらないので，風の強さもあまり変わらず，海面が上昇する高さもあまり変わらないと考えられる。以上のことから，御前崎港に当てはまるのはZである。

チャレンジテスト3の解答

1 答え 問1 ① 問2 ③ 問3 ①

アドバイス **問2** おおよそのスケールをつかむ問題は近年の流行といえる。単位をきちんと認識した上で，数字はざっくりとらえよう。

解説 **問1** 宇宙は，全体的には水素でできていると言っても過言ではない。水素は，ビッグバンから間もなくのころにつくられて現在に至る。宇宙空間に漂う星間物質(星間ガスや星間塵)が濃い領域である星間雲も，水素が主成分である。また，星間雲の中で星間物質の密度の大きい部分が自らの重力によって収縮すると，原始星が形成される。原始星はさらに収縮を続け，主系列星に成長する。

問2 地球から見られる天の川は，銀河系(天の川銀河)の円盤部にある恒星の分布を円盤部内部から見たものである。銀河系の円盤部の半径は約5万光年で，太陽系は銀河系の中心から約2.8万光年離れたところにある。よって，銀河系の中心と太陽系が5万光年以上離れているとする③が誤りである。

④ 銀河系のバルジや円盤部を球状に取り囲む直径約15万光年の部分をハローといい，球状星団が数多く分布している。

問3 星間雲のうち，星間物質が高密度であるために，背後の天体からの光を遮っているものを暗黒星雲という。したがって，①が適当である。

18

アドバイス 宇宙空間と地球では，元素の組成が大きく異なることに注意しよう。

解説 **問1** 地球の核は主に鉄で構成されており，少量のニッケルを含んでいる。また，地球をはじめとする太陽系の惑星は，原始太陽のまわりの微惑星が衝突・合体して誕生した。

問2 太陽系を含む宇宙空間で最も多い元素は水素である。よって，xには水素が入る。一方，地球の大気で最も多い元素は窒素，2番目は酸素である。よって，yには酸素が入る。太陽系全体では酸素の量は少ないが，地球では植物による光合成で大気中に多くの酸素がある。ダイヤモンドにある元素zは，炭素である。天王星や海王星の大気には水素と炭素からなるメタン CH_4 があり，これによって，天王星や海王星の表面が青く見える。

問3 小惑星は「惑星」とは名が付くものの，小さくいびつなものが多い。中には公転の向きが惑星とは逆だったり，衛星をもっていたりするものもある。②は小惑星イトカワである。
① 冥王星である。形状は惑星そのものであるが，現在では惑星に分類されておらず，太陽系外縁天体に分類されている。
③ 彗星である。尾の長さから太陽にずいぶんと近づいたときのものであるとわかる。
④ 木星である。大気に渦や縞模様が見えている。

アドバイス 恒星や宇宙の進化は, 順序立てて理解し覚えていこう。

解説 **問1** 太陽は, 宇宙に無数にある恒星の一つである。生まれたばかりの原始星が収縮し, 水素の核融合反応をするようになった段階を主系列星という。現在の太陽は主系列星の段階にある。

なお, 太陽はあと約50億年経つと膨張して赤色巨星となり, 最終的には惑星状星雲と白色矮星になって一生を終える。

問2 宇宙の誕生から約38万年後に, 宇宙の温度が約3000Kまで下がり, 水素の原子核やヘリウムの原子核が電子と結合し, それぞれが水素原子やヘリウム原子になった。これによって光が電子に妨害されずに直進できるようになり, 宇宙を遠くまで見通すことができるようになった。この現象を**宇宙の晴れ上がり**という。

① 水素やヘリウムの原子核がつくられたのは, 宇宙の誕生から約3分後である。よって, この文は誤りである。

③ 最初の恒星が誕生したのは, 宇宙の誕生から約1〜3億年後である。よって, この文は誤りである。

④ 現在は宇宙が誕生してから約138億年が経過したと考えられている。よって, この文は誤りである。

4 答え 問1 ③ 問2 ①

アドバイス 問1 銀河系の構造を銀河系内部にいる私たちが調べるのは困難を伴う。天文学は研究室で実験できないようなことがらが多いため，さまざまな観測結果を総合的に判断して銀河系の知識を得ている。

問2 頻出問題である。「暗い」「黒い」という語感にまどわされないように気を付けよう。

解説 問1 宇宙空間には，星が密集しているところとそうでないところがある。星が多数密集している集団が銀河である。

ア 無数にある銀河のうち，太陽系が属する銀河をとくに銀河系という。銀河系はその運動から質量が推定され，質量から恒星の個数が推定されている。その数は約1000億～2000億個である。

イ 銀河がおおむね数十～1000個程度集まったものを銀河団という。バルジは，銀河系の中心で恒星が密集して膨らんでいる部分のことである。

ウ 銀河は宇宙で一様に分布しているのではなく，互いに連なって網目状の構造（泡構造）をつくっている。この構造を宇宙の大規模構造という。

問2 太陽の光をプリズムに通すとカラフルな光の帯となる。つまり，単色に見える太陽光は，さまざまな波長の光が合わさったものなのである。この光の帯のことをスペクトルという。太陽の連続したスペクトルの中には，多数の暗線が見られる。この暗線を，フラウンホーファー線または吸収線という。これは，太陽の大気を通過する光の一部が，そこに含まれる物質に吸収されて地球に届かなかったことによって生じる。よって，①が適当である。

なお，物質はそれぞれに固有の波長の光を吸収する。このため，連続したスペクトルに見られる暗線の波長や強度から，太陽の大気にどのような物質がどのくらい存在するのかがわかる。

アドバイス 　**問1**　フレアやコロナ，プロミネンスなど，太陽にまつわる用語にはカタカナが多いが，それぞれきちんと意味をおさえて覚えよう。

問2　主語のみに反応したり数値のみに反応したりすると解けない。他の科目に比べれば大して問題文が長いわけではないのだから，一字一句目を通そう。

問3　太陽系内の距離を考えるときは「天文単位」を，銀河内や銀河間の距離を考えるときは「光年」を使う。目的に応じた単位が使えるようになろう。

解説 　**問1**　フレアは，太陽の表面で起きる爆発現象である。小規模なものは毎日起きている。大規模なフレアは荷電粒子の大量放出を伴う。地球に届いた大量の荷電粒子は，高層の大気に衝突してオーロラを引き起こす。よって，②が適当である。

①　黒点数が多い太陽活動極大期にフレアも活発化するので，この文は誤りである。

③　フレアは太陽全面ではなく，一部が明るくなる現象なので，この文は誤りである。

④　フレアによって強くなったX線や紫外線が，通信障害を引き起こす（デリンジャー現象）。赤外線によるものではないので，この文は誤りである。

問2　太陽系が誕生したのは約46億年前だが，宇宙が誕生したのは約138億年前と考えられている。よって，a は誤りである。また，宇宙は生まれた直後から激しく膨張し，冷えていった。その過程で銀河形成が始まり，宇宙が誕生して90億年ほど経ったころ，太陽系が誕生した。よって，b は正しい。

問3　a　太陽の直径は地球の直径の約109倍である。よって，この図は正しい。

b　太陽系の惑星の中で最も外側を公転する海王星と太陽との間の平均距離は，約30天文単位に過ぎない。よって，この図は誤りである。

c　銀河系の円盤部（ディスク）の直径は約10万光年である。よって，この図は正しい。

d　銀河系とアンドロメダ銀河は約230万光年離れている。よって，この図は誤りである。

なお，a が正しいとわかった時点で答えは①と②に絞られるので，d が判断できなくても正解は導ける。

チャレンジテスト4の解答

1 答え 問1 ② 問2 ②

アドバイス **問1** 上からさっと読んでいって明らかな誤答を探し，他の選択肢に大きな矛盾がないことを確認しよう。

問2 直角三角形をつくって計算すればよい。与えられているデータをきちんと用いること。

解説 **問1** 三葉虫は古生代に生息した節足動物，トリゴニア（三角貝）は中生代に栄えた二枚貝である。このことから，三葉虫を含む石灰岩層の方が砂岩層よりも古いことがわかる。よって，②の推論は誤りである。なお，サンゴの出現は古生代のカンブリア紀であり，造礁サンゴ（サンゴ礁をつくるサンゴ）の出現は古生代のオルドビス紀である。

① 藻類と共生する造礁サンゴは，暖かく浅い海を好む。

③ イノセラムスも中生代に繁栄した二枚貝である。

④ リプルマーク（漣痕）は，水の流れや空気の流れが生じた結果であり，その形状から水流の向きを知ることができる。

問2 本問では，断層Bにより凝灰岩層Aにずれが生じている。断層が発生したことで，凝灰岩層Aの一部が異なる高さにずれたのである。本問で求めるずれの量は，下の図における PQ の長さに等しい。掘削地点Xでは深さ50 m，掘削地点Yでは深さ55 mで凝灰岩層Aを発見したことから，凝灰岩層Aの鉛直方向のずれ，つまり RQ の長さは 55−50=5 mである。また，断層面の傾斜角が30°ということは，三角形 RPQ は∠RPQ が30°の直角三角形である。したがって，PQ の長さは RQ の長さの2倍となるので，PQ の長さをx〔m〕とすると，$x=5\times2=10$ mとなる。

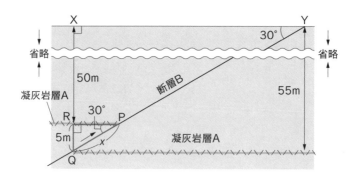

2 答え 問1 ② 問2 ③

アドバイス 問1 地層は，新しい層が上にできる(地層累重の法則)。これが原則である。ただし長い年月の間に，大きく移動したりずれたりすることもある。

問2 時間スケールによる比較の問題は，近年よく出題されている。地球の歴史を古い順に述べられるだろうか。〇〇億年前という数値を覚える前に，まずは生物の出現・繁栄・絶滅の順番を把握しよう。

解説 問1 クロスラミナは，水流(風)の向きや速さが変化するところにできやすい堆積構造である。縞模様を切っている方が上で，細かい構造を観察することで形成当時の水流(風)の向きを知ることができる。図2においては，形成されたクロスラミナを含む地層が，長い年月の間に地殻変動を受けて傾いたものである。縞模様を切っている東が上位，つまり新しい地層である。よって，東へ向かって地層が新しくなる。

級化層理は，主に混濁流(乱泥流)によって形成される。粒径が大きい砕屑粒子ほど先に沈むため，地層の上下を判断するのに役立つ。東側が上位であるから，東へ向かって粒子が細かくなる。

以上のことから，正しい組合せは②である。なお，向きの議論をするときは「どこへ」なのか「どこから」なのかを取り違えないように注意しよう。

問2 植物だけではなく，生物は海から陸へと生息域を広げ，進化しながら移動した。初期の陸上植物は，クックソニアとよばれる胞子植物であった。次いで，リンボクをはじめとするシダ植物が出現し，その後，裸子植物，被子植物と進化していった。これは，より乾燥・寒冷な環境でも成長・繁殖できるようになっていったことを意味する。以上のことから，できごとはc→a→bの順であったとわかり，正解は③と⑥に絞られる。

③と⑥で異なるのは，cとaの年代である。クックソニアの出現がシルル紀(約4億4400万年前～約4億1900万年前)であり，古生代(約5.4億年前～約2.5億年前)の後期にリンボクなどが繁栄したことを踏まえると，③が適当である。

3 答え 問1 ③ 問2 ②

アドバイス 問1 動物は動物で，植物は植物で，進化の様子を古い順におさえよう。生物の進化は地球環境の進化とも関わるから，大気の成分や大陸配置などと合わせておさえるとより効果的である。

問2 地層や岩石・鉱物は，長い年月の間に変化する。その結果が変成岩であったり，褶曲（しゅうきょく）であったり，断層であったりする。

解説 問1 産出した4種類の化石のうち，三葉虫は古生代に繁栄した節足動物，フズリナ（紡錘虫）は古生代後期に繁栄した有孔虫，トリゴニアは中生代に繁栄した二枚貝の軟体動物，デスモスチルスは新生代新第三紀に繁栄した哺乳類（ほにゅうるい）である。なお，哺乳類は脊椎動物の一種である。以上のことから，4種類の化石には陸上植物は含まれていないので，③が誤りである。

問2 地質年代は古い順に，地球誕生〜約5.4億年前が先カンブリア時代，約5.4億年前〜約2.5億年前が古生代，約2.5億年前〜約6600万年前が中生代，約6600万年前〜現在までが新生代である。新生代のうち，約6600万年前〜約2300万年前は古第三紀，約2300万年前〜約260万年前は新第三紀に分類される。

火成岩Aと断層Bの形成年代を検討する前に，産出した化石からわかる地層の形成年代をまとめておこう。三葉虫の化石が産出した泥岩層は古生代，フズリナの化石が産出した石灰岩層は古生代後期，トリゴニアの化石が産出した砂岩層は中生代，デスモスチルスの化石が産出した礫岩層は新生代新第三紀の地層である。

泥岩層と石灰岩層は火成岩Aの貫入で接触変成作用を受けているから，火成岩Aは石灰岩層ができたあとに貫入したことがわかる。不整合1は，火成岩Aと石灰岩層を切っている。切っているとは，先に形成された地質構造を後から破壊したということである。石灰岩層や火成岩Aが地表で風化され，地層形成が中断したことがわかる。不整合1の上には砂岩層が堆積している。この砂岩層は中生代のものであるから，火成岩Aは古生代後期と中生代の間に形成されたと考えるのが妥当である。選択肢に示された年代の中でこれに当てはまるのは「2億5200万年前から2億100万年前までの間」であり，この時点で正解は①と②に絞られる。

また，砂岩層は断層Bによって切られていて，断層Bは不整合2に切られている。不整合2の上に堆積している礫岩層は新生代新第三紀のものであるから，断層Bは砂岩層が形成された中生代と礫岩層が形成された新生代新第三紀の間に形成されたと考えられる。選択肢に示された年代の中でこれに当てはまるのは「6600万年前から2300万年前までの間」であり，正解が②であるとわかる。

アドバイス　**問1**　地球大気はその誕生から大きく変化してきた。年代順にその変遷を理解しておこう。

解説　**問1**　原始大気は，微惑星に含まれていた揮発性成分である水蒸気と二酸化炭素が主成分であったと考えられている。これは，他の地球型惑星も同様である。地球誕生当初の熱は徐々に宇宙空間へ逃げていき，大気中の水蒸気はやがて海となった。よって，ａは正しい。また，大気中の二酸化炭素の大半は海に溶け，石灰岩となった。よって，ｂも正しい。なお，二酸化炭素が窒素や酸素に比べて水に溶けやすいことは，中学理科で習った通りである。

1 答え 問1 ④　　問2 ④　　問3 ③

アドバイス　**問1**　液状化現象の仕組みをイメージできるようにしておこう。

問3　太陽活動が地球に及ぼす影響は，近年ではニュースでもしばしば取り上げられている題材である。

解説　**問1**　軟弱な地盤は，地震発生時にはまるで豆腐やゼリーのように強く揺れる。また，埋め立て地などの水を多く含む地盤で地震が起こると，互いにくっついていた砂の粒子の構造が崩れ，砂の層が液体のように振る舞うことがある(液状化現象)。液状化現象が起こると砂の粒子が沈み，砂粒の間にあった水が分離することで，地盤が低下したり，水が噴き出したりすることがある。埋め立て地は一見強固に見えるが，砂粒子の結び付きは弱い。堆積岩が長い年月をかけてできることを考えれば，埋め立ててから100年程度では地盤はまだまだ柔らかいといえる。

問2　津波の高さは，海の深さが浅くなるにつれて高くなる。実際，水深の深い沖合では大した高さではなくても，陸に近づくと波が高くなり，沿岸の町を襲う。また，津波が押し寄せてから次に押し寄せるまでの時間(周期)は数十分と長いため，ひとたび津波にさらわれると，遠く沖合まで流されることになる。

問3　生物の大量絶滅は少なくとも5回起きたと考えられているが，その原因は天体の衝突に限らない。しかも，数万年ごとに周期的に起きてはいないので，aは誤りである。また，太陽表面で巨大なフレアが起こると，X線や紫外線が放射されて，地球での通信障害を引き起こすことがある(デリンジャー現象)。よって，bは正しい。太陽の活動は地球上の通信や電力網などに大きな影響を及ぼすので，近年では太陽活動を予測する「宇宙天気予報」が運用されている。

アドバイス　地球温暖化を含む気候変動は，毎日のようにニュースで取り上げられている。マスメディアで取り上げられるような気候変動は，自然科学的な面のみならず経済的，政治的な面とも関連する。地学では，もちろん自然科学的な側面を分析するのである。

解説　問1　雪氷や雲は太陽光を反射しやすいため，太陽光が地表を暖めるのを妨げるはたらきをする。雲の量が増加し，雲による太陽反射が増加すると，地表気温の上昇が抑制されると予想される。一方，雲には大量の水蒸気が含まれる。水蒸気は，地表面から放射された赤外線を吸収し，その一部を地表に向かって放射するはたらきがある。このため，雲が増えて雲から地表に向かって放射される赤外放射が増加すると，地表気温の上昇が促進されると予想される。

問2　温室効果によって，地球の平均地表気温は約 $15\,^{\circ}\mathrm{C}$ に保たれているが，地球の大気から温室効果ガスが完全になくなったと仮定すると，平均地表気温は $-20\,^{\circ}\mathrm{C}$ 近くまで低下する。よって，①が適当である。
②　温室効果とエルニーニョ現象は，直接的な関係はない。
③　金星では，二酸化炭素の強い温室効果がはたらいている。
④　メタンは，強い温室効果をもたらす温室効果ガスである。

アドバイス　**問1**　地球の気温は，火山活動・生物活動・太陽活動などさまざまな要因で変化をしている。

問2　天体の質量は天体の性質に大きな影響を与えている。

問3　グラフをていねいに読み取ればよい。予備知識は不要である。

解説　**問1**　地球の気候は常に変動している。白亜紀には火山活動が激しくなったことで，大気中の二酸化炭素濃度が上昇し，温暖だったと考えられている。また，二酸化炭素濃度が上昇したことで植物の光合成が活発になり，有機物の生産が促進された。光合成を行うプランクトンなどの海洋生物が生産した有機物の一部が石油の元となった。

問2　水星は太陽系で最も太陽に近い惑星で，太陽から単位面積あたりに受ける熱エネルギーは地球よりも大きい。しかし，水星は地球よりも質量がずいぶん小さいので重力が小さく，表面に大気分子を保持できない。このため，水星には大気がほとんどなく，大気による熱輸送や温室効果がない。その結果，太陽に向いた面（昼側の面）は極めて高温になり，反対側の面（夜側の面）は極めて低温になって，水星の夜側の表面温度は $-100\,^\circ\mathrm{C}$ 以下になる。よって，aは正しい。

　火星は地球よりも太陽から遠いため，太陽から単位面積あたりに受ける熱エネルギーは地球より小さい。また，火星には大気があり，そのほとんどが二酸化炭素で占められる。しかし，火星は地球よりも質量が小さく，重力が小さいなどの理由により，その大気は薄い。このため，二酸化炭素による温室効果は地球ほどはたらかず，表面での平均温度は地球よりも低い。よって，bは誤りである。

問3　図1の直線部分を見ると，2000年から2015年までの15年間で二酸化炭素濃度が $402-371=31\fallingdotseq30$ ppm ほど増加していることがわかる。つまり，1年あたり約2ppmの増加である。2015年から85年が経った2100年には，さらに $2\times85=170$ ppm ほどの増加が見込まれるので，大気中の二酸化炭素濃度は $402+170=572$ ppm ほどになると予想される。これに最も近いのは②である。

4 答え 　問1 ① 　　問2 ④ 　　問3 ② 　　問4 ①

アドバイス 　問1 　露点や飽和水蒸気量の意味を正確に把握しよう。

問3 　aとbのいずれも，地学を学んでいない人が誤解しそうな文である。

解説 　問1 　空気塊（くうきかい）の露点が10℃ということは，空気塊に含むことができる水蒸気の量が10℃のときに限界に達するということである。表1にまとめられた飽和水蒸気量は，この限界の値を意味している。つまり，露点10℃の空気塊1m³には水蒸気が9.4g含まれていることがわかる。一方，気温25℃の空気塊1m³は水蒸気を23.1g含むことができる。したがって，この空気塊が気温25℃のときの相対湿度を求める式は，$(9.4 \div 23.1) \times 100$ と表すことができる。

次に，水蒸気を9.4g含む空気塊1m³が5℃まで冷える過程を考える。5℃では水蒸気を6.8gしか含むことができないので，$9.4 - 6.8 = 2.6$g の水蒸気が凝結して水に変化する。また，問題文に，1gの水蒸気が凝結する際に放出される潜熱の量は2.5kJとある。よって，放出される潜熱を求める式は，$(9.4 - 6.8) \times 2.5$ と表すことができる。

問2 　① 　冷蔵庫やエアコンなどの冷媒として使用される気体は，オゾンではなくフロンである。

② 　オゾンは太陽からの紫外線を吸収して発熱する。しかし，これは成層圏で起こることであり，地表付近の大気を暖めるわけではない。

③ 　1987年に採択された「オゾン層を破壊する物質に関するモントリオール議定書」によって，フロンの排出は規制されるようになったが，オゾンホールの面積は足踏み状態で，急激に減少はしていない。

④ 　オゾン層の破壊を正しく説明した文である。

問3 　水蒸気は，地球上で最も多く存在する温室効果ガスである。よって，ａは正しい。また，近年は地球温暖化が問題となっているが，中生代は地球上のどこにも氷河がなく，現在よりも平均気温が高かったと考えられている。よって，ｂは誤りである。

（**問4**の解説は次のページ）

問4 熱帯低気圧は高温の海洋上で水蒸気が供給されることででき，熱帯低気圧が発達したものが台風である。台風は，水蒸気が凝結するときに放出する凝結熱をエネルギーとする。凝結熱は潜熱の一種である。よって，①が適当である。

② エルニーニョ現象は，太平洋の赤道域で発生する。

③ 地球温暖化によって海洋の平均水温は上昇する。また，水温が上昇すると海水が膨張するので，平均水位も上昇する。

④ 原生代の初期（約23億年前）や末期（約7億年前）に起きた全球凍結では，地球全体が氷で覆われていた。これは，第四紀の氷期よりもさらに寒冷な時期だった。